本書に登場する昆虫たち

画　今福龍太

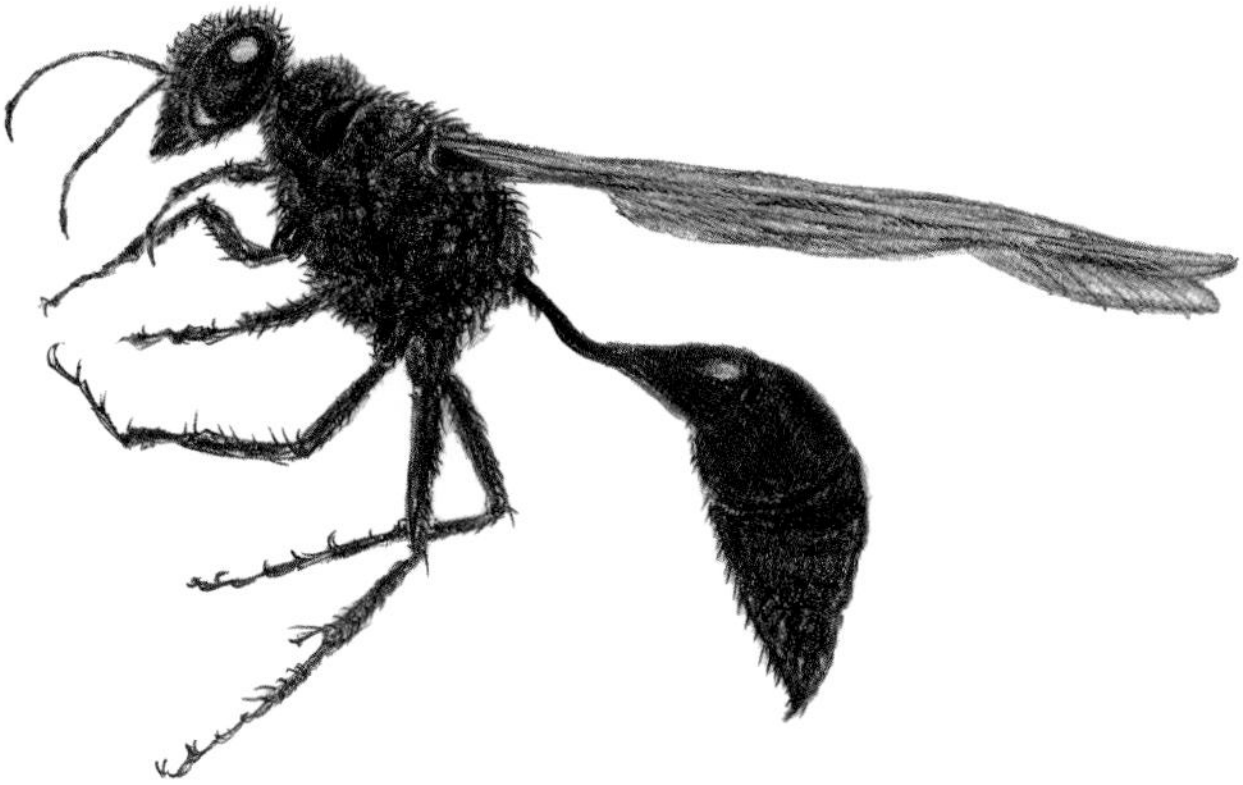

A

A. アラメジガバチ *Podalonia hirsuta* p.8〜／B. コケイロカスリタテハ *Hamadryas feronia* p.28〜／C. ギフチョウ *Luehdorfia japonica* p.148〜／D. オオカバマダラ *Danaus plexippus* p.268〜／E. クロホシウスバシロチョウ *Parnassius mnemosyne* p.208〜／F. クジャクヤママユ *Saturnia spini* p.48〜／G. コノハチョウ *Kallima inachus* p.228〜／H. クモマベニヒカゲ *Erebia ligea* p.128〜／I. トウダイグサスズメガ *Hyles euphorbiae* p.188〜／J. トウダイグサスズメガ幼虫 *Hyles euphorbiae* p.188〜／K. ギンヤンマ *Anax parthenope* p.68〜／L. ナミハンミョウ *Cicindela japonica* p.248〜／M. ティフォンタマオシコガネ *Scarabaeus typhon* p.108〜／N. オオユスリカ *Chironomus plumosus* p.168〜／O. オオカマキリ *Tenodera aridifolia* p.88〜

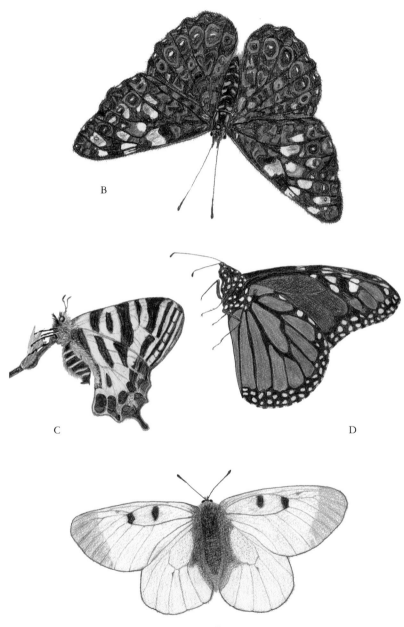

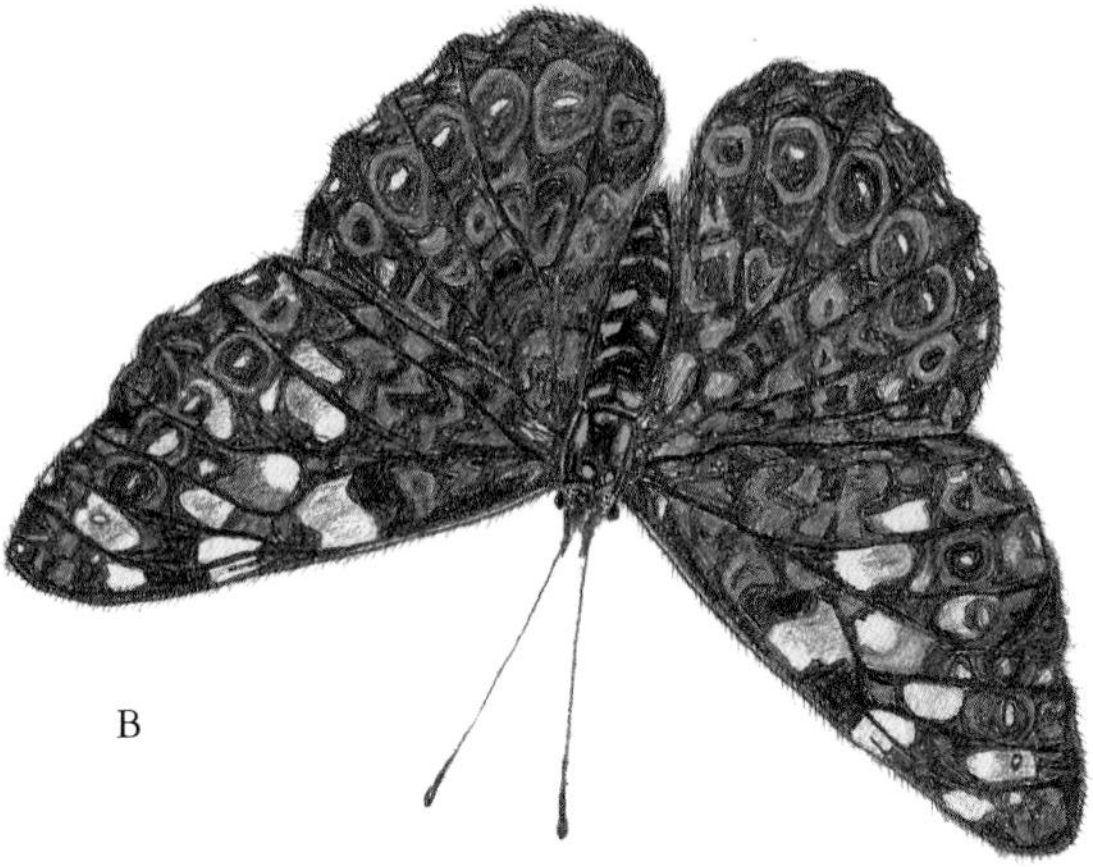

B

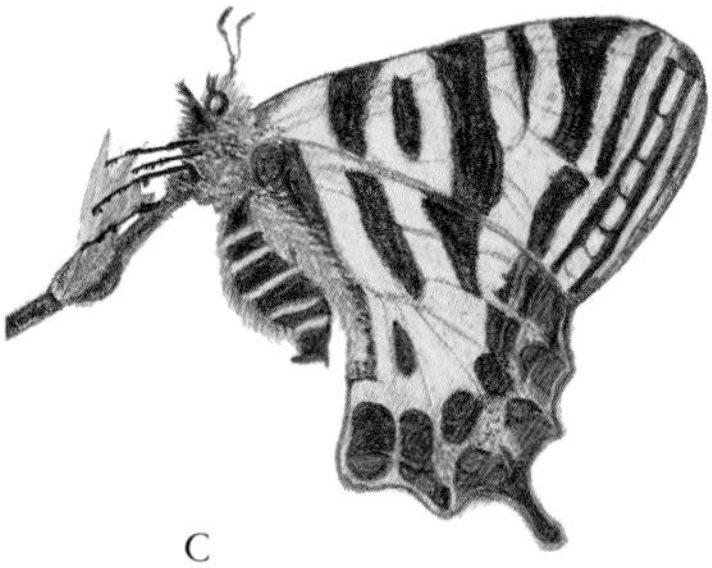

C

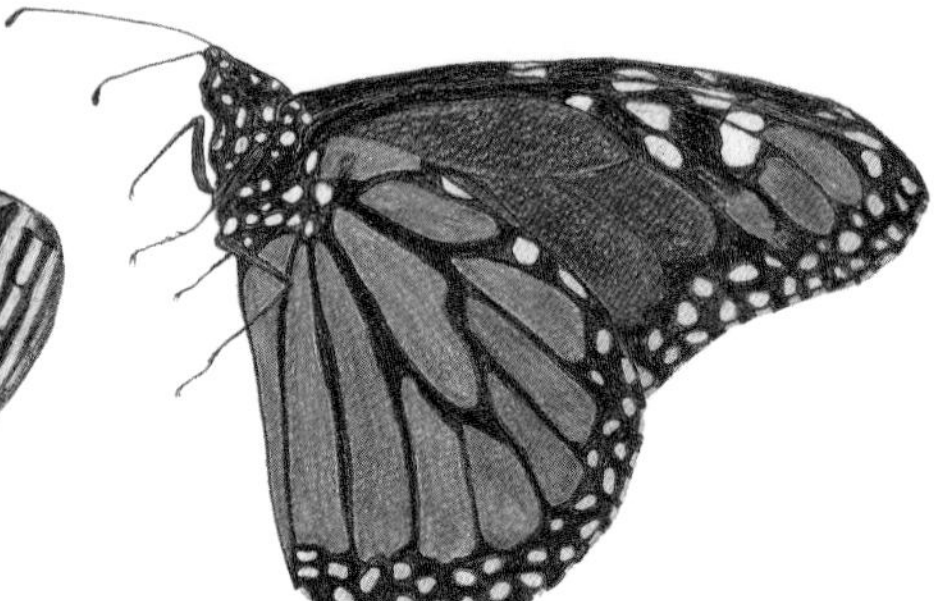

D

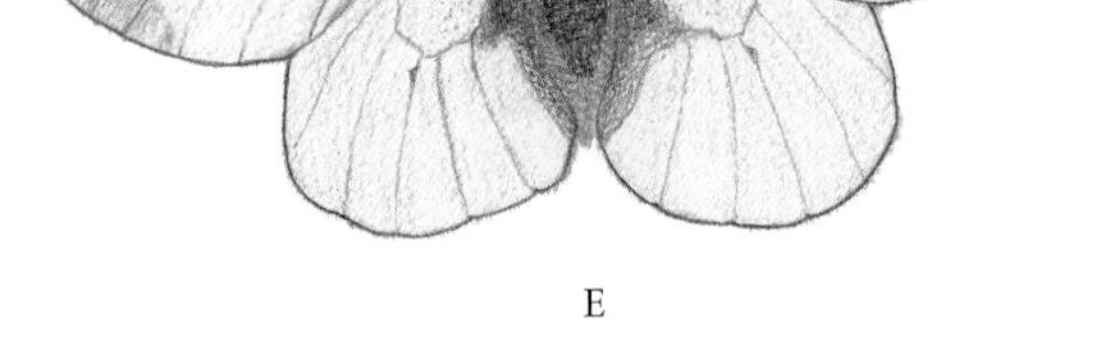

E

F

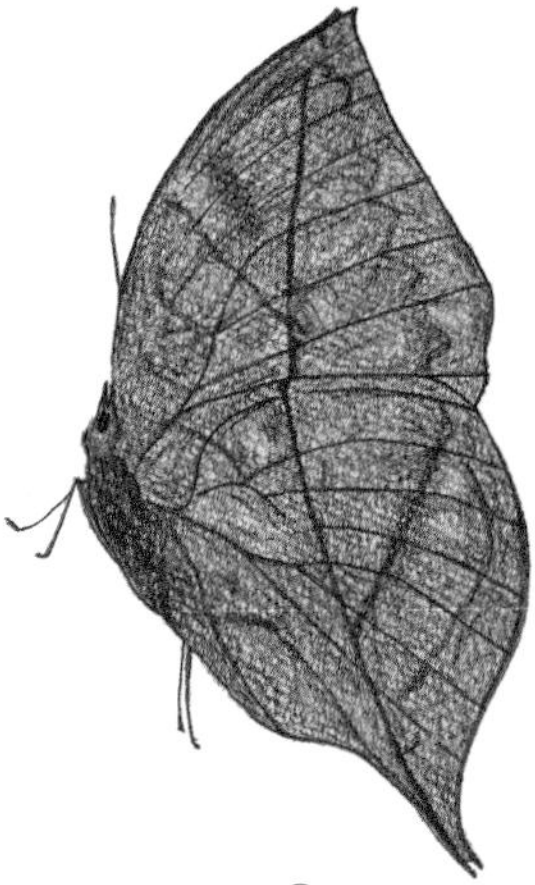

G

H

I

J

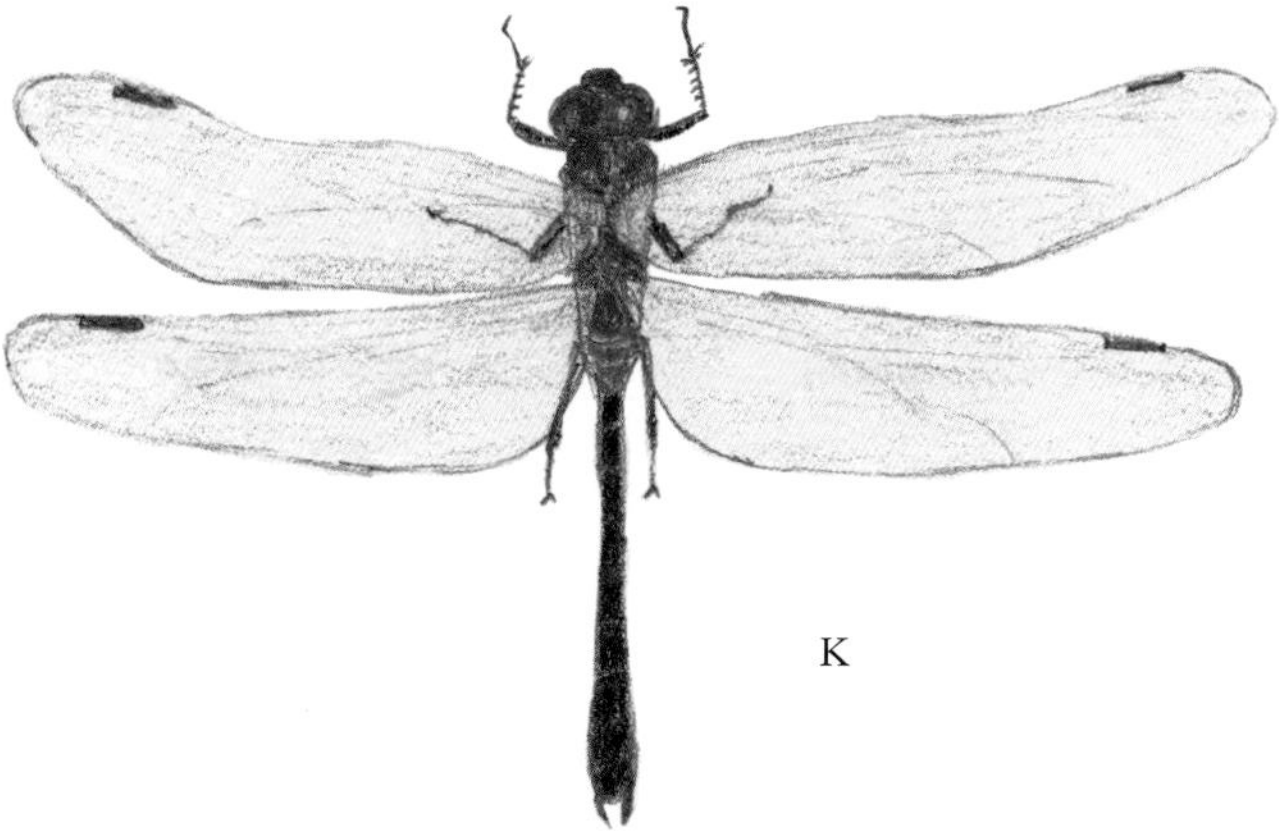

K

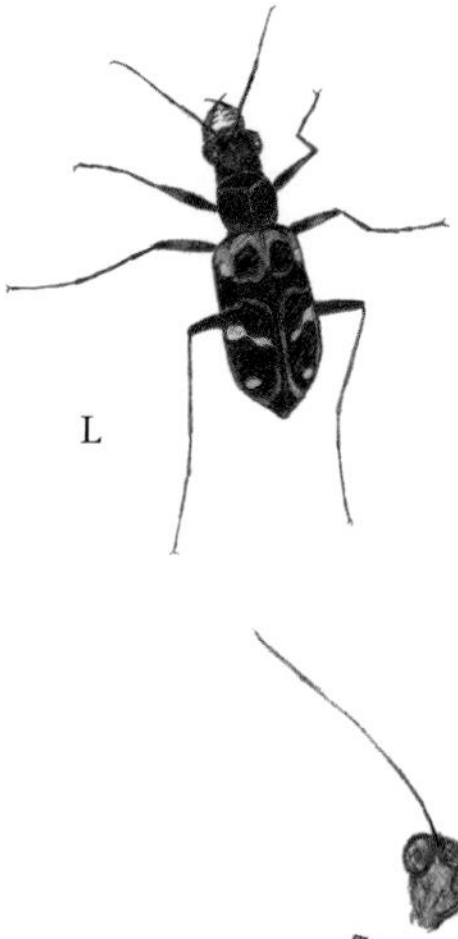

L

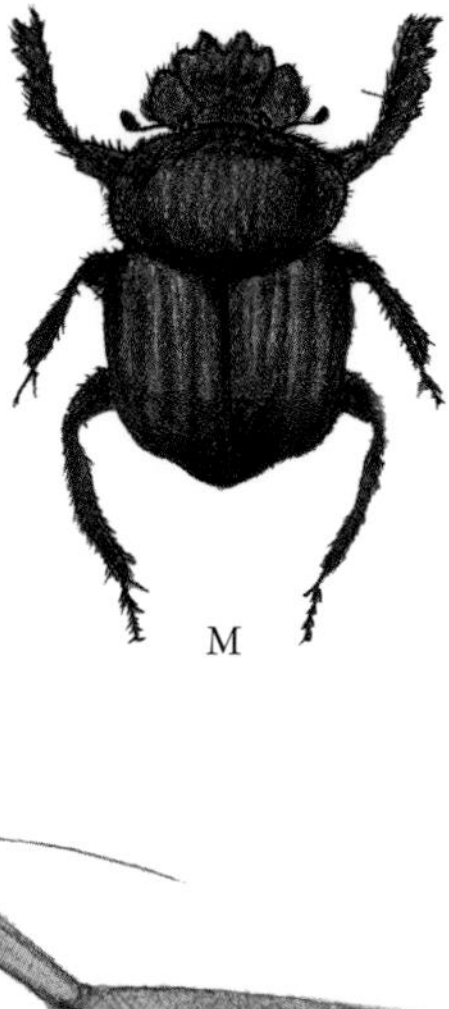

M

N

O

＊それぞれの虫の大きさは原寸ではなく、また倍率も一定ではありません。

筑摩選書

今福龍太
Imafuku Ryuta

ぼくの昆虫学の先生たちへ

ぼくの昆虫学の先生たちへ　目次

ジガバチの教え――アンリ・ファーブル先生へ　8
カスリタテハの幻影――チャールズ・ダーウィン先生へ　28
クジャクヤママユの哀しみ――ヘルマン・ヘッセ先生へ　48
ギンヤンマの音楽――志賀夘助先生へ　68
オオカマキリの祈り――得田之久先生へ　88
聖タマオシコガネの無心――北杜夫先生へ　108
クモマベニヒカゲの挽歌――田淵行男先生へ　128
ギフチョウの沈黙――名和靖先生へ　148

ユスリカの呪文——手塚治虫先生へ　168
スズメガの貪欲——ヨリス・ホフナーヘル先生へ　188
ウスバシロチョウの自伝——ウラジーミル・ナボコフ先生へ　208
コノハチョウの共同体——五十嵐邁先生へ　228
ハンミョウの流浪——安部公房先生へ　248
イッパパロトルの聖樹——ドン・リーノ先生へ　268
ツマムラサキマダラの青い希望——読者へ　287
巻末・本書に登場する昆虫たち／本書に登場する先生たち

ぼくの昆虫学の先生たちへ

ジガバチの教え
アンリ・ファーブル先生へ

「少年！」という響きが好きだ。幾つになっても。

そう呼びかけられることも、まだときどきある。でも青臭さ、未熟さを指摘されている、などという気持ちにはならない。むしろ齢《よわい》を重ねても、大人が訳知り顔でしたがう世間の自動化された形式や流儀から身と心を引き離し、子供時代に感じた自由な風が吹きぬけるポカンとした空白の領域をいつまでも守ろうとしてきたことを、少し誇らしく思いさえする。私に「少年！」と声をかける人は、無意識のうちに、自分が失った、この風の吹き抜けるイノセンスの領域に淡いノスタルジーをきっと感じているのだろう。じつは、誰でもが少年に還ることができる。自らの内なる少年を引きだし、対話することが。でもそのためにはきっと、一つの隠された秘密のスイッチを入れることが必要なのだろう。繊細な陰翳《いんえい》を宿した「記憶」という神秘のスイッチを。

「少年!」と呼ばれるだけで懐かしさが込み上げる。けれど、さらに「昆虫少年!」といわれれば、その響きは私を無上の喜びへと誘いだす。

少年期の純粋と無垢とが、もっぱら自我に向けて投入されていたとすれば気恥ずかしい部分もある。だがそうではなく、幼い無垢と情熱が、全面的かつ没入的に「虫」に捧げられてきたこと。自分なんかそっちのけで、ただひたすら虫を追い求めていたこと。それが「昆虫少年」の真のアイデンティティであったとすれば、それは青臭い自己陶酔とは無縁の、あっけらかんとした、潔《いさぎよ》いほどの、他者への没頭そのものである。

あの頃、草原や野に出れば、〈自分〉などという観念は、どこかに霧散してしまっていたのだ、と思う。初夏の青空を背景にしたオオムラサキの荘厳な飛翔があれば、それだけで世界は完全だった。イチジクの木の葉にキボシカミキリの銀河のような黄色の斑点模様を発見すれば、もうその日の幸福は約束された。沼の水面を切って高速パトロールするギンヤンマの翅音《はおと》の唸りこそ、いつまでも聴いていたい至上の音楽だった。私にとっての「虫」の世界への参入とは、自分を消し、虫の棲む自然のなかに「世界」というみずみずしい感覚を発見する、至高の通過儀礼だったのかもしれない。けれどそれは、ただまわりの自然環境があればできるというものではなかった。虫への情熱をさまざまにかき立ててくれる先生たちなしでは……。

私の「昆虫学」への入門は、自然という豊かなマトリックスの世界と、日常の師であるさまざまな人々とその著作をつうじた学びとの両輪によって果たされた。その恩恵は、「昆虫少年」という言葉の響きがいまの私にもたらす幸福感のなかに生きつづけている。いま私は、そんな「ぼくの昆虫学」の先生たちに向けて、感謝を込めてあのころの思い出と、その後の私の生の消息とを、時間を横切るようにして語ってみようと思う。

そのためには「手紙」という形式がもっともふさわしいかもしれない。あの頃の私のなかに生じた瞬間と永遠の刻印を、一四人の先生たちへの架空の手紙として、昆虫少年の〈記憶霊〉とでもいうべきアニマに語らせてみたいのだ。私の少年期に体内に宿った「昆虫学」、その学問ならざる学問としての「ぼくの昆虫学」は、虫への情熱をうながしてくれた先生たちとの出逢いと、その人物や著作への深い没入とによって彩られた、一つの夢のヴィジョンにほかならなかった。

ファーブル先生。
先生との出逢いのことを思い出すと、きまって額のあたりがチクチクと疼《うず》きます。先生のあの『昆虫記』との出逢い、それは当時のどんな昆虫少年にとっても決定的なものの一つですが、ぼくが小学生時代にはじめて読んだ岩波少年文庫版（抄訳版、一九五三）は、原著の冒頭がスカラベ（フンコロガシ）の興味深い生態を描いた章ではじまっているのにたいし、南フランスの岩山に登って発見したアラメジガバチの話から書き起こされていました。先生にとって、虫の種類に優劣がないのは当然なのですが、ぼくにとってハチの話から始まる昆虫記とは、不意打ちでした。朝の四時、ロバに荷物を積んで、石灰岩で白く輝く神々しい山に登ってゆく移動の昂揚感と、そこで発見される不思議なハチの生態。この出だしの印象がとても強烈だったのでしょう、ぼくがファーブル先生の本を思い出すとき、いつもそこにはハチがいるのです。はじめて額をハチに刺されて大泣きした、痛くも懐かしい記憶とともに。

小学生の頭はとても単純でした。先生の克明な観察の記録に背中を押されるようにして、ぼくは毎日学校から帰ると、家の近所の草叢《くさむら》の探検に出かけました。ジガバチという不思議なハチを求めてです。ぼくの住んでいた海辺の町は、首都圏の南の郊外にありましたが、幼少期にはまだ急激な宅地化ははじまっておらず、あたりは海岸砂丘と松林と沼とが点在する、半農半漁ののんびりした土地でした。あちこちにトンボが飛び交う池や雑木林があり、鈴虫の鳴く草叢がひろがり、ザリガニの棲む小川が流れていました。ぼくの昆虫学の事始めは、ファーブル先生にうながされた、砂地の草叢にジガバチの巣を探す冒険でした。

Podalonia hirsuta
アラメジガバチ

そのときも、夕闇迫る草叢はすこし妖しげな空気を発散していました。ぼくはススキやカヤツリグサの細長い葉をかきわけ、地面に掘られているジガバチの巣を探そうと、一歩一歩、ゆっくりとすすんでいました。家と家のはざまにぽっかりとある狭い空き地でしたが、小さな少年がゆっくり歩みを進めれば、すべての地面を探すのに丸一日もかかってしまいそうな、そんな豊かな小世界でした。草を踏み分けていくうちに、不意に額に激痛が走りました。なんの前触れもなく、額のあたりに急に火がついたような感覚でした。その痛みは一気に体全体に燃え広がるような強烈なもので、訳が解らなくなったぼくはパニック状態で泣きながら家に駆け込んだのだと思います。見事に、ぼくは右目の上をハチに刺されたのでした。きっと、犯人は草叢に巣をかけたアシナガバチだったのだろうと思います。

キンカンをおでこに塗りたくり、少し痛みが引いてきたとき、べそをかきながらも、ぼくの方が侵入者だったことをすぐに理解しました。ぼくは彼らの巣を知らずに踏みつけていたのです。アシナガバチは、何も悪いことはしていないのです。草叢が、一つの完結した宇宙であることを、ぼくはそのとき深いところで理解しました。植物と虫とが共生するその宇宙にたいして、人間は謙虚な観察者・傍観者にすぎない。その倫理の敷居をつい人間が破ってしまえば、その審判を受けるのが人間の方であることは自明でした。ファーブル先生、あなたの昆虫学の核心にある生命倫理をめぐる一番深い教えを、知らないうちに、ぼくは身をもって体験していたのです。

いまやハチは毒針を持って人を刺す嫌われ者のようです。でも、駆除などという言い方は、ぼくの少年時代の辞書にはありませんでした。すくなくとも、ファーブル先生の本との幸福な出逢いを果たしたぼくにとっては、ハチはすこしも悪者に見えません。悪者どころか、虫のなかでももっともスマートで、献身的で、努力家で、謙虚で、そして育児に関しては決然とした自立心と勇気を持っている、敬愛すべきお手本です。ぼくの額に残る、あの痛みの記憶が、そのことを永遠に語ってくれます。

ファーブル先生。ジガバチという魅力的なハチについての先生の記述に、ぼくはすっかり魅せられました。「ほっそりした体つき、すらりとした身体、付け根でぐっとくびれ糸で胸部についたような胴、帯代りには赤色の綬《じゅ》をつけた黒づくめの装束……」。先生は、そんなふうに『昆虫記』（岩波書店完訳版、一九八九）のなかでアラメジガバチの姿を美しく描写していましたね。こんな記述だけで、ぼくはその優美な姿を絵に描いてみたくなりました。ジガバチはいわゆる「狩りバチ」の代表です。アラメジガバチの場合、獲物はヨトウガ類の蛾の幼虫、いわゆるアオムシの類いです。ジガバチは、狩ったアオムシを巣穴（幼虫室）に運び込み、その上に産卵して、生まれてくる幼虫たちがその体液を吸って成長するための食糧とするのです。

先生の驚くほど詳細な観察によれば、ジガバチはまず乾いて堅くなった土の地面に巣穴を掘ります。顎と手足を器用に使いながら、土を掻き出し、深い穴を掘ったあと、穴の入口をていねいに小石で塞ぎます。この作業のあいだじゅう、ハチはジガジガと翅をこすり合わせて不思議な音をたてます。日本語でジガバチの名の由来です。学名ではアモフィラといって、ギリシャ語源で「砂を愛するもの」という意味でしたね。ジガバチが砂を掘る名人であることから来たチャーミングな学名で、ぼくはこの名前も大好きでした（小学生で、すでに「学名」というものの精密な分類学的体系性と、その背後にある精確な生態観察に立った詩的隠喩に魅せられていたのです）。

巣穴を掘り終えたジガバチは、これから生まれてくる子供たちのエサとなるヨトウムシ（ヨトウガの幼虫）を探しに行きます。弓形に曲った触覚で、落ち着いて地面を調べ回り、ここぞという場所を「勘」によってつきとめ、土をひっかいて見事にヨトウムシを地中からひっぱりだすのです。ファーブル先生、あなたもまた、純粋に科学的好奇心によって、ヨトウムシを掘り出そうと試みましたね。でも、どうしても見つからないのです。幼虫が潜んでいる地面を、決して間違えることなく触覚で探り当てるジガバチの本能の力に、先生は感嘆しました。先生の『昆虫記』では、この場面で先生がジガバチと交わしたユーモラスな会話が、こんなふうに書かれていました。

「かんのわるいせんせいだな。さあ、どいたどいた。虫のいる場所を教えてあげますよ。」と、ハチはわたしに言っているようだ。ハチのさしずにしたがって、その場所をわたしは掘ってみる。ちゃんとヨトウムシが一ぴき出てくる。うまい、うまい。見とおしのいいわがジガバチよ。いやまったく、おまえのくまではからっぽの巣《す》なんかをひっかくものではない。わたしの考えていたとおりだ。

（『ファーブル昆虫記　上』山田吉彦訳、岩波少年文庫、一九五三）

ファーブル先生の人間としての存在が消え去り、ジガバチが感じている世界にかぎりなく同化していこうとする衝動をぼくはこうした部分から感じとり、擬人化のユーモアを通り越して、畏《おそ》れにも似た感情をいだいたような気がします。生命とは、これほどまでに、種《しゅ》の境界を破って未知の連続性の奥底へと降りてゆけるものなのだ、と。

そのあと先生は、アラメジガバチが掘り出したヨトウムシの幼虫を麻痺させ、巣穴に連れ込むまでの一部始終を克明に描いていきます。とりわけ、ジガバチがアオムシを決して殺さず、ただ麻痺させるだけにして、子供たちに食べさせるための餌の新鮮さを保とうとする本能的な所作は、感嘆すべきものでした。ジガバチが、まずヨトウムシの頭と第一体節とを分ける関節の腹側の真ん中、つまり皮膚のいちばん薄いところに、自らの針をきちんと刺すことを先生は見逃しません。それまで身をくねらせて抵抗していたヨトウムシは見事に動かなくなります。ジガバチは勝利を喜ぶ武者ぶるいをしたあと、さらに二番目、三番目、四番目の体節へと慎重に、わずかな狂いもなく針を刺していくのです。でも殺してしまっては元も子もありません。もうここまでで充分。

しかもファーブル先生、あなたは、このプロセスをくまなく知るために、観察だけでは飽き足らず、手術されている途中のアオムシをジガバチから取りあげ、自分で捕まえた別のアオムシと取り換えたりしながら、アオムシへの手術の痕跡を克明に点検したのです。後に知ることになる「実験科学」というもののもっとも純粋で素朴な方法を、ぼくはこうした箇所に感じとり、ただひたすら感嘆の溜息をついていたものです。

さて、麻酔手術が終了すると、ジガバチは大きな顎でヨトウムシの頭をくわえ、獲物を決して傷つけないようにして巣穴へと運びます。小石のフタをはずし、巣穴の入口をちょうどいい大きさに仕上げたあと、獲物をじょうずに穴に運び入れます。あとは、そこに産卵し、外から穴にしっかりとフタをし、二度と戻ってきません。卵から孵化した幼虫は新鮮な餌を食べながら成長して蛹《さなぎ》となり、やがて一匹の成虫のジガバチとなって羽化し、穴から這い出してくるのです。親と子は、一度も顔を合わせることがないのに、ジガバチの作業一つ一つの繊細さと勤勉さには、生まれてくる子供たちへの無限の配慮が感じられ、ぼくはジガバチの生涯に、ある種の別離の哀しみの上に立った生命の尊厳のようなものを感じました。親の不在の家で生まれ、いきなり自立して餌を食べながら成長し、みずから親となって、おなじ生命のサイクルを無心に繰り返してゆくジガバチ。ファーブル先生は、このアラメジガバチの仕事のすべてにたいし、とりわけその外科手術の名医としての側面に最大の関心を払いながら、来る日も来る日も実験と観察をつづけたのでした。

『昆虫記』のこのジガバチの一節を読んだときです。「先生、ぼくを弟子にしてください！」。一二〇歳以上も年の離れた先生に、ぼくはつい、心のなかでそう呼びかけてしまったことを、いまも思い出します。額に熱を帯びた昆虫少年志望の一〇歳児が、真の昆虫少年となった、記念すべき瞬間でした。

　それからしばらくして、わが家の近所にあった里山の五月。ぼくはついに、シャチホコガの仲間らしき緑色の幼虫をくわえた一匹のミカドジガバチが赤土の斜面を下りてゆくのに出くわします。このときの興奮といったら……！　ぼくは飽きずに一日中、このジガバチの仕事を眺めつづけました。麗しい初夏の光のもと、ジガバチは細い胴体を揺らしながら、仮死状態となった獲物を巣穴まで運ぼうとしていました。穴は断崖

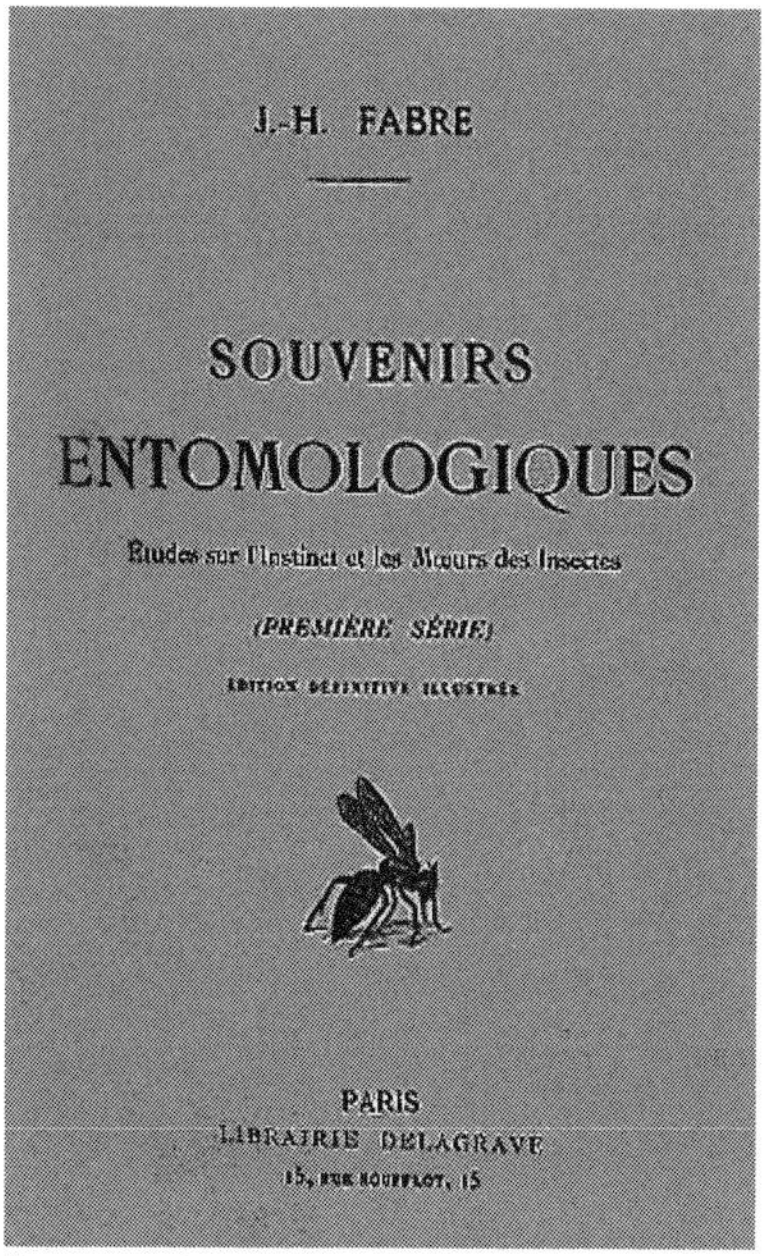

『ファーブル昆虫記』原著の第１巻の扉にも、この巻を代表する虫として、狩りバチの絵が描かれていた。写真はパリのLibrairie Delagrave刊の1914年版

の下にあったのでしょうか。ぼくは途中までしか追いかけてゆくことができませんでした。けれどファーブル先生の眼を通じて、ぼくはこのジガバチの仕事を最後まで見届けたような気になっていました。決して過ちを犯すことなく、ジガバチはすべてをやり遂げたにちがいない。そうぼくは信じました。「彼は知っている」「すべてを心得ている」。ファーブル先生、あなたもそう書いていましたね。本能、あるいは先生の呼びかたでいえば「崇高な霊感」。遺伝説も、淘汰説も、生存競争説も、みなあとづけの観念論に過ぎない、事実は目の前にあるだけだ――こう書いて、やんわりと、しかし毅然として、当時の権威となっていたダーウィンの「進化論」にお灸をすえた先生。ぼくは、草叢という楽園のなかの、反権威的な昆虫学こそ、ぼくがほんとうに身につけたいものなのだ、とこのとき確信したのでした。

誰にも「昆虫学」の先生がいたのです。ファーブル先生にとっては、デュフール先生が。レオン・デュフールは『タマムシツチスガリの研究』で有名なフランスの博物学者でした。彼はタマムシツチスガリという、「狩りバチ」のべつの仲間を調べ尽くし、幼虫を育てるときの餌として狩る獲物のタマムシが巣の中で決して腐らないのは、なんらかの防腐剤を注入しているからだと結論づけたことでよく知られています。『昆虫記』にも書かれていたように、ファーブル先生の狩りバチの研究は、デュフール先生に促されたものであることは疑いありません。

すでに幼いときから虫好きで、オサムシの黄金に輝く鞘翅《さやばね》やアゲハチョウの優美な翅の収集に没頭していたファーブル少年にとって、昆虫学を志すための心の薪はすでに用意されていました。ですが、その薪を燃え立たせる火花となったものこそが、偶然読んだデュフールの本だったのです。「新しい光」と先生は書かれていましたね。美しい虫をただ収集するだけには終わらない、生き物の構造や生態をめぐる深い研究という光明。先生もまた、先生自身の「昆虫学」の方法論をこのとき発見したのです。

そして、ぼくにとっては、ファーブル先生は、他の何人かの先生の媒介によってぼくの心の薪に火をつけてくれました。それらの先生にも感謝を捧げなくてはなりません。その一人が山田吉彦先生。いうまでもなくぼくが初めて読んだ『昆虫記』

の訳者であり、名評伝『ファーブル記』の著者です。背伸びして読んだ岩波新書の『ファーブル記』（一九四九）は、ファーブル先生の人柄を深く知り、昆虫少年の心をときめかせるエピソードが満載でした。プロヴァンスの貧しい村で暮らしていた五歳ぐらいの頃のファーブル少年の話は特に印象に残りました。ある朝、いつものようにぼろの毛織りセーターを着せられてはだしで家のまわりを駆け回っていたファーブル少年。空からは朝の輝かしい陽光が降りそそいでいました。そのとき、ふと幼い精神にある問いが生まれます。どうして光がそこにあるとわかるのか。少年は光に向かって口を大きく開き、眼を閉じてみます。すると太陽の輝く光は消えました。つぎに少年は、口をつぐみ、眼を見開きます。すると朝の曙光があたりに満ち溢れるのでした。少年は何度もおなじことを繰り返し、やがて幼いながら一つの確信が生まれます。わかった！　光を感じるのは眼によるのだ、と。このエピソードほど、ぼくの昆虫学の基礎にある「科学」というものの純粋なありかたを示唆しているものはありませんでした。素朴すぎる実験でしょうか？　ぼくにはそうは思えません。いまもぼくは、台風が来ると外に出て、南に向かって口を大きく開け、熱帯の海の水蒸気の味をたしかめようとするのです。先生、それでいいですよね？
もう一人、ファーブル先生をぼくに媒介してくれた日本の〝プチファーブル〟こと熊田千佳慕《ちかぼ》先生のことにも触れておきましょう。ぼくは、まさにアラメジガバチの細密画を描いた熊田先生の絵に魅了され、熊田先生の絵をお手本にしておなじアラメジガバチの拙い細密画を描いたのですから。熊田先生の画家としての観察力は、驚くべきほど緻密で精確でした。カミキリムシの大あごだけを拡大して描いた細密画。ハシバミオトシブミがハイイロハンノキの葉っぱに見事な切り込みを入れながら産卵のための揺り籠を作ってゆく様子。フンコロガシが、幼虫のために洋梨の形をした玉を作る方法……。ファーブル先生の世界が、絵として、これほど精確に再現されていることにぼくは驚き、熊田先生の手技を通じてファーブル先生の世界に近づこうとしました。その努力はいまもまだつづけています。

　ジガバチの狩りの様子、そして獲物を運び、巣穴を一生懸命掘り進める様子を一日かけて追いかけた少年の日。けれどあるときぼくは気づいたのです。ハチの珍しい生態観察とともに、ぼくは背中に当たる初夏の太陽光の温もりを、あのときずっと感じつづけていたのだ、ということに。それは、まさにジガバチ自身が翅をジガジガ鳴らしながら巣穴の土を掻き出しつづけ、苦労して捕まえたアオムシを麻痺させて巣まで連れてゆくときに浴びていた、あの陽光の温もりと寸分たがわないものなのです。ぼくは、虫たちと同じ温もりのなかで、日溜まりの永遠を感じつづけているという事実にただ恍惚としていたのでしょう。

ファーブル先生。あなたの昆虫学には、徹底した事実の観察の精密な科学性とともに、こうした不思議な、虫の感覚世界への一体化の気分があふれていました。光を浴びながら、ジガバチは自らの地下世界の家のことを考えつづけていました。そう、虫は、見えない小宇宙を持っている。その小宇宙にどうしたら一体化できるのか……。

人間は、見えない内部を失い、外界に露出し過ぎてしまったようです。秘密の小世界を守ることを放棄してしまったのかもしれません。ぼくの昆虫学とは、虫の身体と心持ちに託して、その見えない小世界を守り抜こうとする夢だったのです。

カスリタテハの幻影
チャールズ・ダーウィン先生へ

ダーウィン先生。

ぼくが先生の世界に出逢ったきっかけが、はじめは「虫」を通じてではなかったこと――それは小学校時代にすでにファーブル主義者（！）になりかけていた一昆虫少年にとって、あるいは幸せなことだったかもしれません。そう、「進化論」の詳細など知る由もなかったぼくが先生の名を「発見」することになったのは、なによりも「海」への憧れがきっかけだったのです。

海辺に住んでいた少年時代、ぼくはいわゆる「海洋冒険物語」にとり憑《つ》かれていました。なかでもひどく心躍らせた冒険譚の一つに『コン・ティキ号探検記』がありました。ノルウェーの人類学者トール・ヘイエルダールによる、南米大陸からポリネシア群島までの広大な海原を軽いバルサ材で造った筏《いかだ》船で横断する、ロマン溢《あふ》れる冒険です。『コン・ティキ号探検記』には何種類もの少年少女版も出ていましたが、ぼくが熱心に読んだのは原著の完訳である筑摩書房のノンフィクション・ライブラリー版（水口志計夫訳、一九六四）だったと思います。

ダーウィン先生、あなたの著作にも大きな影響を受けていたらしいヘイエルダールは、先生の探検から百年以上経って、生物の伝播《でんぱ》から人類の伝播へと関心を広げた人です。彼はイースター島のモアイなどの石像がインカ帝国の巨石文化の産物ととてもよく似ていることを発見し、ポリネシア人の起源は南米から海を渡ったインディオにちがいないと仮説をたてて、これをみずから実証しようと試みました。古代インカ人と同じ造りかたで素朴な筏船を組み立て、風と海流だけで南太平洋の横断航海が可能であったことを示そうとしたのです。

この壮大な実験航海のアイディアに、ぼくは魅了されました。「コン・ティキ号」という子供心にも印象的な名は、たんに船の名前というだけでなく、通説をくつがえして新たな世界像を創造しようという、冒険的な研究者の情熱を伝える合言葉のようにぼくには感じられました。調べてみると「コン・ティキ」はインカ帝国の太陽神ビラコチャの別名で、ティキはケチュア語で「始まり」「起源」を意味するようでした。そう、海の冒険とはどこかで、地球上を移動した人類の真の起源を探し求めようとする内なる衝動と結びついているようにぼくには思えたのです。

そんな壮大なヴィジョンを持った冒険航海の物語を、ぼくは背伸びしながら次々と読んでいきました。コン・ティキ号だけではありません。ヘイエルダールの次の実験航海に使われた葦舟《あしぶね》ラー号。冒険物語に登場するそんな船たちの名前の数々が、ぼくの世界イメージを一気に広げていく役割をはたしました。キャプテン・クックの南太平洋探索航海で活躍したエンデバー号。スティーヴンソンの冒険小説『宝島』にでてくるヒスパニオラ号。そして、ちょうどぼくが小学校一年生だった年、若き堀江謙一が小型ヨットで世界初の単独無寄港太平洋横断（『太平洋ひとりぼっち』一九六二）をはたしたとき、「マーメイド号」という名前は、ぼくにとっての海の冒険のヴィジョンを鼓舞《こぶ》する、もっとも輝かしい名となっていました。

海の近くに住み、潮の香りがする大気を毎日呼吸していた少年。家からまっすぐ砂丘を越えて一〇分も歩けば、荒々しい浪が黒い砂の汀《なぎさ》に打ち寄せていました。日々、潮騒のかなでるリズミカルな音楽と、夜闇にひびく海鳴りの低い轟音《ごうおん》とを聴きながら育ったぼくは、いつしか海の彼方への憧れの心をそれら海の響きに同調させていました。この砂浜からぼくのざわめく好奇心を乗せた小さな舟が漕《こ》ぎ出すとき、その舟にはどんな名がついているのだろうか？　そんな夢想に耽《ふけ》っているとき、突然ぼくは「ビーグル号」からの呼びかけを聴いたのです。先生の最初の冒険航海をめぐる著作です。いまでも「ビーグル号」と小さく声に出すと、あのときの読書から広が

南米マゼラン海峡を行くビーグル号。『ビーグル号航海記』のロンドンJohn Murray社版（1913）に付されたR.T.プリチェットによる挿画。背景の雪山はモンテサルミエント（2246m）で、この鋭峰をダーウィンは「ティエラ・デル・フエゴでもっとも崇高な景色」と呼んだ

っていった未知の「南アメリカ」への幻影のような憧れの気分が甦ってくるようです。大洋を渡ってたどりついた熱帯の密林のなかにうごめくきらびやかで変幻自在の生き物たち……。結局ぼくは、その後、めぐりめぐってついに中南米をフィールドに選び、そこで自分自身の人類学的な探究を始めていくことになるのです。

ダーウィン先生。あなたの『ビーグル号航海記』のなかでぼくが強く印象づけられた生き物に関する記述は、「進化論」の学説を着想する素材となったダーウィンフィンチでもガラパゴスゾウガメでもなく、ブラジルで先生が最初に出あった多様な虫たちの生態でした。先生の筆づかいのなかに感じられた、ヨーロッパ人が大西洋をはるばる渡って未知の新大陸に踏み込み、まったく知られていなかった生物種を発見するときのドキドキするような感覚こそ、昆虫へのぼくの純粋な高揚感そのものを言い当てていました。先生は、バイーアやリオの入江にビーグル号を停泊させて未踏の大地に分け入ると、熱帯の動植物だけでなく、発光するホタルやコメツキ、行列をなすハキリアリなど珍奇な虫たちの発見と観察に没頭しましたね。家のまわりの草叢や野原を、新しい視線とともに駆け回りはじめた一人の昆虫少年にとって、珍しい虫を見つけたときの目は、アメリカ大陸に参入したダーウィン先生の好奇の目と、どこかで重なり合っていたにちがいありません。だから『ビーグル号航海記』での先生の興奮は、そのままぼくの日々の興奮でもありました。

この本が語る虫たちの描写のなかでも、ぼくがもっとも惹かれたのがコケイロカスリタテハをめぐる文章でした。子供時代からぼくは、昆虫のなかでもとりわけ「蝶」という存在に魅了されていました。蝶は、成虫こそ華麗ですが、そこからは予想もできない妖しい姿をした幼虫や蛹という過程も持ち、この「変態」と呼ばれる現象の不思議さと繊細さに、ぼくは心奪われていたのです。ダーウィン先生のこの本で、ぼくは蝶や蛾が分類学的には「鱗翅類《りんし》」と呼ばれていることをはじめて知ったように思います。翅《はね》に鱗粉《りんぷん》を持つ虫のグループ。そうか、自分が好きなのは「鱗翅類」に属する虫たちなのだ、と少年はすこし賢くなったつもりで納得し、昆虫世界の全体像が前よりはっきりと見えてきたような気分になっていました。

そう、コケイロカスリタテハのことでした。先生は「あげはの一種、パピリオ・

フェロニア *Papilio feronia* にははなはだ驚いた」と学名を付して書かれていましたね。先生の時代はアゲハチョウ科に属すると考えられていたこの蝶は、いまではタテハチョウ科のカスリタテハ属に分類されています。だから先生の挙げられた学名を"*Hamadryas feronia*"に置き換え、コケイロカスリタテハという和名で呼んでおきましょう。先生の観察はとても細かく精確なのです。まずこのカスリタテハが、かならず翅を広げてつねに下向きに木にとまることの指摘です。ふつう蝶、とくにタテハチョウの多くは羽を閉じてとまる習性があり（だから立翅蝶。広げてとまるものの多くは蛾とされるが例外も多い）、また木の幹などにとまって樹液を吸う場合は上向きがふつうで、この二つの点だけでもすでにコケイロカスリタテハの動きはとても不思議でした。翅の表面の模様はまさに渋い絣《かすり》模様のようでもあり、これは木の表皮の色合いに擬態して、鳥などの天敵から身を守っているのです。そしてダーウィン先生、あなたはこの蝶が例外的に脚で「歩く」習性をもっていることに特別の興味を示していましたね。この部分を読んだとき、ぼくは、木に翅を広げてとまり、幹の模様と一体化しながらその上を下向きにちょこちょこと歩き回るというこの蝶

Hamadryas feronia
コケイロカスリタテハ

の姿を想像し、ひどく興味を惹かれたものです。海外の蝶類図鑑などをいろいろ調べ、この蝶の姿を実際の写真で確認したとき、ぼくはもう一度驚きました。木の幹に同化してしまう地味な保護色めいた色合いを想像していたのですが、実際のコケイロカスリタテハは鮮やかな青色の水玉模様を持ち、前翅には赤いアクセントのような小さな斑紋さえあって、なんとも美しい蝶だったからです。

先生は、この蝶が「歩く」だけでなく、「音を出す」性質があることにもきちんと言及されていました。翅を擦りつける動きによって音を出す蝶はきわめて珍しいのですが、コケイロカスリタテハのオスは、パチパチッともカチカチッとも聞こえる警戒音を出すのです。縄張りに別のオスが近づいた時に出す警告音であると考えられていますが、ぼくのこの蝶にたいする幻想は、さらにこの性質を知ることでふくらんでいきました。インディオのグアラニ族がこの種類の蝶を「ポロロ」と呼んでいることものちに知りましたが、これもカスリタテハが出す音を擬音化したものでしょう。英語では"Cracker"(爆竹)、ブラジルのポルトガル語では"Tronador"(雷鳴を起こすもの)などと呼ばれているのも頷けます。

そしてあるとき、ぼくはさらに驚くべきことを知ります。蝶が音を出すということは、仲間にその音を聴かせることであり、つまりカスリタテハは音を聴き分ける繊細な耳も持っている、ということです。実際この蝶は、翅の基部に神経とつながっている空洞（薄い膜でカバーされている）があり、これで微細な音まで聴き分けられることがいまではわかっています。ダーウィン先生の昆虫学の弟子の弟子のそのまた弟子ぐらいにあたる現代のコスタリカの昆虫学者フリアン・ナヘラさんが、そのことを詳しく調べて興味深い論文として発表しているのをぼくは大人になってから読みました。コケイロカスリタテハは、蝶のなかでおそらくもっとも大きな耳を持っている種の一つである、とナヘラさんは書いています。少年時代の、まだ見ぬこの蝶への私の幻想的なイメージは、いまや大きな耳さえもった怪獣《キメラ》のような姿へとさらに魅惑的に進化しているのです！

カスリタテハという日本語名のとても繊細なニュアンスも、ダーウィン先生に伝えておきたく思います。絣《かすり》とは、織り糸の一部を色で染めて、それによって、機《はた》で織り出したときにある模様が規則的に出現するような織物の名前です。中学生時代から近所にあった住まいに通うようになり、ぼくの民俗学の師匠となった能の批評家戸井田道三《といだみちぞう》先生は、『きものの思想』（一九六八）という著書の冒頭で、矢絣《やがすり》という、日本の古い特徴的な模様について印象的に書いています。戸井田さんは、東京日本橋の東仲通りで能装束などのきものを商う店に生まれたのですが、大正時代初期の子供たち、とくに当時の女の子たちが普段着として紫色の矢絣の銘仙《めいせん》をよく着ていたことを幼心に覚えていることに注意を払っています。

こんな庶民の風俗にかかわる些細な風景を記憶し、きちんと書きつけている者は、じつはとても少ないのです。紫色の矢のかたちをした絣の模様は、一人の人間の記憶が立ちあがる端緒《たんちょ》にあって、幼い心の揺れ動きをどこかで反映していたのかもしれません。日常の手仕事から生み出されたきものの模様は、人間の心のはたらきと深くつながっていたようなのです。ぼくも後年になって、沖縄の北部、大宜味村《おおぎみそん》の糸芭蕉の茂る明るい森のなかに誘われるように入っていき、そこで芭蕉布という簡素で優美な織物にあらわれる絣の縞柄に魅せられました。土地でトゥイグヮー（＝

小鳥）と呼ばれるその芭蕉布の模様は、名前の通りツバメのような小鳥が飛ぶ姿にとてもよく似ています。これは、昔から芭蕉布を織りつづけてきた女性たちが、手《ティ》結《ユイ》と呼ばれる技によって、絣糸を勘だけをたよりに左右に引きずらし（つまり「擦《かす》り」）ながら織ることで生まれる、なんとも可憐で美しい柄なのです。この、人工的に織られた幾何学的な絣模様を、沖縄の人々は生き生きした姿の「小鳥」であると見立てました。一方、コケイロカスリタテハのように、私たちは自然界にいる蝶の翅の模様を人間的な模様である「カスリ」になぞらえる言葉のはたらきをも持っています。自然界と人間界の、模様をつうじた想像力の投げかけ合い。人と虫、人と鳥を相互に結ぶ連続的知覚の糸。これは、生命というものの共感の力の始まりを探るための、とてもおもしろい文化現象ではないか、とぼくはいつからか思うようになったのです。

結局、ヒトと動物や昆虫は、種や属の境界を超えて、どこかで一つの共通の理解へといたる意識を保持してきたように思います。ダーウィン先生はまさに、『種の起源』（一八五九）によってヒトという種の特権性をおおもとから問い直し、種から種へと進化・変容してきた生物の長い歴史を展望することで、あらゆる生命体が相互に平等に有機的に連関しているというヴィジョンを示したのではないか、とぼくは考えてきました。飛躍的な言い方かもしれませんが、現代社会にはびこっている人間中心主義的な思い込みは、ダーウィン先生の著作を素朴に読み返すことで、正されるのではないかとさえぼくは思っているのです。

のちに、ダーウィン先生の軌跡を追いかけるようにブラジルの大地にのめり込んでいったぼくの親しい友人となったブラジルの写真家セバスチャン・サルガドは、よく自分はダーウィンの弟子である、と語ることがあります。でもそれは、彼が進化論の学説を支持しているという意味ではありません。彼が言おうとしているのはむしろ、新たな人類の「進化」のヴィジョンの可能性、しかもそれは生物学的な形態の進化ではなく、生命なるものが共有する「意識」や「精神」の多様な進化を彼が信じている、という意味のようです。

サルガドは、二一世紀に入ってから始めた《ジェネシス》（創世）と題された壮大な撮影プロジェクトを、ダーウィン先生ゆかりのガラパゴス諸島の動物や鳥を撮影することから始めました。地球上にいまだ残る、創世の時代から変わらない豊穣《ほうじょう》で尊厳ある風景を、生き物の視点から描き出すこと。そうしたプロジェクトの始まりとして選ばれた島で、サルガドは一匹のガラパゴスゾウガメと目を合わせます。ダーウィン先生、あなたもあるいは実際に出会っていたかもしれない、二〇〇歳ちかいと思われる老亀です。人類がこの荒れ果てた火山島に流れ着くはるか前から、生息する島の環境に合わせて進化の独自の道すじを何百万年もかけて歩んできた、この体重三〇〇キロを超す巨大な生命体。サルガドは、その一匹の老亀に惹かれ、亀が示した愛情溢れる眼差しに応えるように、自然に腹ばいになって一緒にノソノソと這いずりながら敬意とともに写真を撮っていったのだ、とぼくに語ってくれました。ゾウガメの方が、自分が写真を撮ることを許してくれたのだ、とも。

ぼくにとって「進化論」という理論以上に、こうした人と生物との相互連帯の意識こそがダーウィン先生の教えの核心だと思えるときがあります。生命のとても高い次元での、精神的な連帯意識。不意に訪れるそんな思いは、ちょうどコケイロカスリタテハが翅をこすり合わせて出すクリック音のように、「ああ、そうなんだ！」という不思議な確信の瞬間を、ぼくにもたらしてくれるのです。あのカチッという「発見《ユーレカ》」の音を、まだカスリタテハに出あったことのないぼくも、あるいはもう知っているのかもしれません。

『ビーグル号航海記』で夢中になったダーウィン先生が、画期的な学説によって時代の世界観を革命的に転換したとても偉い学者であることを、少年時代のぼくはだんだんと知っていきました。とくに、宮沢賢治によるこんな詩の断片を呼んだとき、『種の起源』などの理論的著作には歯が立たなかった少年にも、ふかい畏敬の念が芽生えました。宮沢賢治によるダーウィン先生への言及は、一九二七年、賢治さんが母校の中学校の生徒たちに呼びかけるつもりで書いた、こんな未完の断片的な書きつけのなかに登場しています。

新らしい時代のコペルニクスよ

余りに重苦しい重力の法則から
この銀河系統を解き放て

新しい時代のダーウヰンよ
更に東洋風静観のキャレンヂャーに載って
銀河系空間の外にも至って
更にも透明に深く正しい地史と
増訂された生物学をわれらに示せ……

（宮沢賢治「生徒諸君に寄せる」〔断章六〕『宮沢賢治全集 2』ちくま文庫、一九八六）

賢治さんは、日本で訳されて間もない『進化論』を丁寧に読んでいたことがわかっています。地質、気象、動植物、岩石、天体、化学、農業といった自然世界に広く通じ、科学と信仰と詩とを高次の意識のなかで統合しようとした賢治さんが、新たに未来を託す若者たちにダーウィン先生の名をもってエールを送ったことの重要性を、ぼくはじっくりと噛みしめました。まるでぼくに向けても呼びかけられた言葉であるように感じながら。しかもここで未来のダーウィンは、一九世紀末のイギリス海軍の南半球での科学探査船として有名だった「チャレンジャー号」の生まれ変わりのような船に乗り込み、宇宙空間にまで進出して生物学をまったく新しいものに更新してゆく使命までも与えられているのです。ダーウィン先生の教えが、それほどまでの未来を担うことが可能であることに、ぼくはあらためて心打たれていたのでした。

　ダーウィン先生。あなたに向けていま手紙をしたためるためには、ぼくは現在までの自分自身の学びと覚醒の記憶をすべて動員しながら語るほかありませんでした。ほやほやの昆虫少年だった頃の思い出と限られた知識だけでは、到底、ダーウィン先生に向けていま語るべき言葉を生み出すことはできないと考えたからです。それほどに、先生は大きな場所に立たれ、ぼくたちのいまの生き方をじっと見つめられています。ぼくたちは少しでもましな未来をもって、先生の学恩に応えていかなければなりません。

それでもやはり、ぼくにとってのダーウィン先生は、コケイロカスリタテハが樹皮の上をカチッという音をたてながら歩き回るのをうっとりと眺めている、あの無心の観察者の姿へといつも回帰してゆくのです。偉大な学者ではなく、認識の始まりの場所に立っている、一人の好奇心あふれる昆虫愛好家の姿に。先生は『ビーグル号航海記』で、ブラジルの鬱蒼《うっそう》とした熱帯林へと興奮の第一歩を踏み出したときの素朴な感興を、こう書かれていましたね。


極めて逆説的なほど、音と沈黙との混和が森の陰の暗い辺にみちている。虫の音は極めて高く、海浜から数百ヤードのかなたに錨《いかり》を下ろした船にも聞こえたが、森の奥には静寂があらゆるものを支配していることを感ずる。博物学を愛好する者にとってはこんな日はまたと望みがたい深いよろこびを与える。

（『ビーグル号航海記　上』島地威雄訳、岩波文庫、一九五九）

こんな箇所に、少年のぼくはドキドキし、いまだ見ぬジャングルのしじまの深さを思い、痺《しび》れていたのでしょう。その意味で、やはりぼくは「進化論」の偉い学者であるダーウィン先生の弟子を名のることはできそうにありません。でもここで描かれた音と沈黙の混じりあった世界を愛する先生が描き出したような野生の学び舎《や》であれば、ぼくはそこにいつまでも通いつづけたいと思います。その学び舎に響きわたる虫の声に自分の身体ごと浸透させながら、あのコケイロカスリタテハの絣模様の夢を見つづけたいと思うのです。

クジャクヤママユの哀しみ
ヘルマン・ヘッセ先生へ

ヘッセ先生。

ぼくが一〇歳で、となり町の川向こうにある学校に通っていたころの体験から、この手紙を書き出しましょう。

そのころ、通学路を歩いていると、いろいろなものがぼくの方に向かって、におってきました。いいにおいも、あまりよくないのも。そう、におい、といういい方がもっとも精確に思える、感覚的な好き嫌いを瞬時にもたらしてくれる、ある「気配」のようなものです。そのにおいは、内部からの身震いするほどの喜び、あるいは深みからやって来る怖れや痛みをもって、ぼくの心を動かしました。海がキラキラと光っているのが遠目に感じられる、明るい原っぱを横切るときに感じる無垢の喜び。それは清冽《せいれつ》な水にひたされたような幸福感のにおいで、そんなときは時間が止まり、カバンを放りだして砂地の斜面に寝転がり、陶酔《とうすい》とともに永遠を噛《か》みしめていたものです。

でも、どちらかといえばぼくは不気味なにおいの方に敏感でした。薄暗い松並木の下の路地を通るときの漠然とした不安。突然樹上でざわめくカラスの群れ。住み手の分からない家々、恐い主人のいる文房具屋、異様な色で塗られた小さな教会、けたたましいサイレンを鳴らして車が出入りする消防署。吠える犬、野良猫、哀れな表情で寄りそう飼兎、つぶれたヒキガエル。袋を背負った眼光鋭い米屋のご用聞き、郵便配達夫、托鉢僧《たくはつそう》、リヤカーを引く屑屋……。なぜかしら、未知の怖れや痛みがどこからともなく忍び寄ってきて、大人には日常の風景であるはずのものが、暗い陰翳《いんえい》をぼくの内部に投げかけてくるのです。

そう、ぼくはあのとき「世界」という荒々しいもののとば口に立っていたのでしょう。はじめて、じかに向き合う人と物と出来事でできた「世界」。しかも、そこからいわれのない幻想も生まれ、通学路の途中にあった鬱蒼たる藪に埋もれた木造の廃屋《はいおく》を恐る恐るのぞき込むと、死者や亡霊への恐怖が襲ってきたりするのです。日常世界の陰と陽。あのころ、ぼくのなかではこの二つが交錯していました。この二つの極から、昼と夜とがくりかえしやってきたのです……。

すみません、ヘッセ先生。先生にはすぐ分かってしまう悪戯《いたずら》でこの手紙を始めてしまいました。きっと微笑、あるいは苦笑されたでしょうね。そう、ぼくはいま先生の少年時代を背景にした自伝的な小説の一つ『デミアン』の書き出しの調子をすっかり真似て、この手紙を始めてみたのですから。けれど不思議なほどに、先生の小説の出だしの部分とぼく自身の子供時代の記憶は重なっているのです。昼と夜、歓喜と恐怖の入り交じった、あの「におい」と呼ばれる気配の世界にたいする感受性、という点において。

「家」という安心の領域によって身も心も守られていた幼い子供が、きっと誰でも一〇歳ごろになると感じはじめる外部の「世界」というものへのばくぜんとした怖れ。その複雑に出来上がった規則と宿命の場に裸で向き合わねばいけないのだ、と分かったときの戸惑い。ヘッセ先生だからこそ、そっと告白しますが、ある日、ぼくは学校近くの駄菓子屋で、好きだった店のおばさんが見ていない隙に、キャンディーを一玉ポケットに入れようとしました。悪気のない無邪気な冒険のつもりだったのでしょうが、ぼくは見つかってしまいました。親が呼ばれ、おばさんの前でぼくは直立不動の姿勢で「ごめんなさい」を言わされました。険悪な空気ではなかったものの、ぼくはもうそのような「社会的責任」を免れない存在であることを、思い知らされたわけです。イノセンスの喪失の瞬間でもありました。

ぼくがこの頃から昆虫の、とりわけ蝶の採集と標本づくりに夢中になっていったこと。それを、少年期特有の社会性の「目覚め」への反動というような形で、あまり理屈っぽく結びつける必要はないかもしれません。ぼくは人間の世界を嫌って、虫に逃避していったというわけでもないのです。それでも、ぼくはどこかで、虫には、あの人間世界のドロドロした不気味なにおいはしないのだ、と信じているところがありました。蝶を採集し、それを展翅板《てんしばん》の上で細心の注意をもって展翅し、美しい標本に仕上げる作業に集中しているとき、ぼくの世界は永遠の陽光の気配に満たされていました。蝶や蛾の採集と標本づくりに夢中だったヘッセ先生にも、その気持ちは完璧におわかりになると思います。

そしてヘッセ先生。日本の少年少女たちが、一二歳か一三歳になれば誰でも中学の国語教科書で読むことになる先生の掌編小説「少年の日の思い出」こそ、虫の宇宙を信じきっていたぼくにとっての、一つの重い分岐点となったものでした。昆虫が、昆虫だけに終わらない、人間の恐ろしくもある心理的な陰翳や葛藤と切り離せないものであることを、鮮烈に、畏《おそ》れとともに教えてくれた、という意味において。「少年の日の思い出」では、少年時代を回想する語り手が、はじめて見る美しい蝶や蛾に捕虫網を持って忍び寄っていくときの無邪気な昂揚感がまずこのように描かれていましたね。

強くにおう乾いた荒野のやきつくような昼さがり、庭の中の涼しい朝、神秘的な森のはずれの夕方、ぼくはまるで宝をさがす人のように、網をもって待ちぶせていたものだ。そして美しいチョウを見つけると、特別に珍しいのでなくったってかまわない、日なたの花にとまって、色のついた羽を呼吸とともにあげさげしているのを見つけると、捕える喜びに息もつまりそうになり、しだいにしのびよって、かがやいている色の斑点《はんてん》の一つ一つ、すきとおった羽の脈の一つ一つ、触覚の細いとび色の毛の一つ一つが見えてくると、その緊張と歓喜ときたら、なかった。

（ヘルマン・ヘッセ「少年の日の思い出」高橋健二訳、『ヘッセ全集　2　車輪の下』新潮社、一九八二）

ヘッセ先生の、蝶への愛情と没入がほんとうによくわかる一節です。少年のぼくも、こんな部分の描写にすっかり共感し、惹き込まれていたでしょう。アゲハチョウの、花にとまって蜜を吸いながらわずかに翅《はね》を上下させる動き。タテハチョウの、青や赤の瞳を持った輝く丸い眼状紋。マダラチョウの、翅脈がくっきりとひきたつ半透明の翅……。こうした細部への感覚は、おなじ憧憬と歓喜とを少年期に共有したものでなければ解らないものがありました。そんな感触の記憶が、世界のどこにいてもおなじように存在していることにも目を開かされました。そしてなにより、そこには善悪とか美醜とか優劣とかいった、もっともらしい大人の価値観もありませんでしたね。蝶は蝶であることで善悪を超えて自足し、どんな地味な蝶や蛾にも美質はあり、大きさとか、珍種とか希少種であるとかいった科学的事実が蝶の価値を決めることもなかったのです。昂揚とともに自分が捕まえ、自分が標本にした、その蝶こそが、あらゆる私的な背景や物語すべてを含めて、世界で一番大切でかけがえのない存在にほかならなかったのです。

とくに「展翅《てんし》」という細かな作業にとり憑かれていたぼくは、ヘッセ先生の描く主人公の少年の気持ちが手にとるように解りました。彼は、あるとき青紫の斑紋が輝くコムラサキの標本をていねいに仕上げ、その出来栄えに誇らしくなって、やはり昆虫標本を集めていた隣家の少年エーミールに見せます。学校の先生の息子であるエーミールは、人生の意味を悟ったような冷徹《れいてつ》な優等生で、同級生からは感嘆というより嫉《ねた》みの感情とともに疎《うと》ましく思われている少年でした。コムラサキの標本を見たエーミールは、珍品だから二〇ペニヒはするだろう、と金銭的に値踏みしたうえで、展翅の仕方が悪いとか、触覚がいびつだとか、足が取れているとかいってケチをつけるのです。つまりエーミールは、蝶というものを、それに向けられた愛情や情熱ではなく、ただモノとして、採集標本の出来不出来によって判断しているのでした。

ヘッセ先生の物語は、ここから急展開をたどりますね。語り手の少年は、二年ほどたったある日、エーミールがとても珍しい蛾であるクジャクヤママユの繭（＝蛹）を羽化させたという噂を聞くのです。四つのすばらしい眼状紋を持った黄褐色の妖精のようなクジャクヤママユは、少年がほかのどの種類よりもいちばん採集したいと密かに夢見ていたものでした。ここからの少年の刹那の出来心を描く何ページかは、この作品のとても怖い部分です。誰もが知っている物語なので、これ以上細かく触れませんが、エーミールの部屋への少年の侵入、展翅されていたクジャクヤママユの高貴な姿、標本の留め針を抜いて展翅板から外すときの誘惑、ポケットに隠したときに標本が破壊されたことへの後ろめたさ、家に戻ったときの自己嫌悪と悲しみ、母への告白、エーミールの家を訪ねての直接の謝罪、と話は進みます。盗みの告白を、軽蔑した表情で黙って聞いていたエーミールのこのセリフに、ぼくの純な心は衝撃を受けました。

「そうか、そうか、つまり君はそんなやつなんだな」

驚いて困惑するのでもなく、怒ってどなりつけるのでもなく、冷ややかにこう言い放ったエーミール。この言葉のなかに、ぼくは常識とか理性とかいわれるもののいちばん冷酷な仕打ちを感じ、この場面から目を背けたくなりました。さらに驚くべき結末はこうでした。謝罪のしるしとして、少年は自分の蝶の標本をすべてエーミールに差し出したのですが、エーミールは、きみのコレクションなんか知っている、きみの蝶の扱いかたもわかったしね、いらない、と言って突き返すのです。昆虫少年のイノセントな内宇宙はこのとき瓦解しました。彼は家に戻り、もうすっか

Saturnia spini
クジャクヤママユ

り暗くなった自分の部屋で、標本箱から次々とあの愛おしかった蝶や蛾の標本をとりだし、すべてを指で粉みじんに破壊してしまったのです。

ヘッセ先生。どうしてこんな怖いお話を、蝶や蛾への愛情溢れる思い出に並べるようにして書かれたのですか？　ぼくはこの、人間の心の暗い奥底を覗くような物語に、蝶など出してほしくなかった、と長いあいだ感じていました。虫が出てくる本で、その後これほど遠ざけていた本もありません。

それでもあるとき、ずっと大人になってからですが、先生がこの小説に込めた真意が少し想像できるようになりました。この怖い物語を、一人の大人の、小さいときの昆虫と標本を巡るトラウマの記憶、深い原初的な傷の物語として主人公に告白的に語らせた先生の意図が。

ぼくがこのお話に初めて接したときに感じた、人間の心というものの冷酷さへの恐怖、そしてそこから目を背けたくなるような気分。それはきっと、ここで蝶に向けられた無私の愛情が、盗みをはたらくという道徳的な観点から否定され、それが少年の人格の否定にまで達するという部分への違和感に由来していたのだと思います。少年はただ、どうしても目の前にいるクジャクヤママユを自分の家につれて帰りたかった。盗みではなく、モノとの融和、合体への欲望。しかしそれはそのようには受けとめられませんでした。蝶や蛾への関心を共有していたと思っていた少年仲間から、思いがけなく振り下ろされた正義を装う言葉のナイフ。それによる深い傷。

けれど、よく考えてみれば、この小説が、ヘッセ先生が創作においてつねに意識しつづけた、少年期から青年期への移行、そこでの社会性や常識の獲得というテーマを、おなじように反復していることが重要なのでしょう。語り手の少年は、蝶や蛾を、ほんとうにイノセントに愛でながらも、どこかで、そうした愛や没入がふとした瞬間に消えていくことを自分でもうすうす予感していたのかもしれません。いや、書き手のヘッセ先生自身が、そう予感していたのです。だからこそ、そのときの思い出をここで物語の俎上《そじょう》に載《の》せて、自ら失った無垢にたいして辛く当たっているのだ、とぼくはあるとき思い至ったのです。

ぼくの遠い記憶の感触を探ってみたとき、蝶の標本とは純粋に科学的な標本ではもちろんありませんでした。むしろそれは純粋な夢の形を実体化したものにすぎず、自己愛をも超える小さく美しいものへの慈愛《じあい》の証しであり、そのときの蒐集《しゅうしゅう》欲や所有欲は本能に近いものでした。けれど、そうした愛の発露から生まれたはずの欲望を、社会の道徳や規範なるものが真っ向から退けたとき、少年期はきっと終わるのです。少年の夢が、社会的正義という別の論理によって汚されたとき、イノセンスは終焉せざるをえないのです。この、主人公のなかの「少年」の死こそ、最後の場面での標本の破壊なのです。

「少年」の死のあとに残る標本のあり方は、科学標本だけです。愛の標本はもうないのです。この事実は、ぼく自身にも突き刺さります。ただひたすら蝶への愛と憧憬だけをたよりにして、自分が標本づくりをいつまでできていたのか？ そうきびしく自分を問い詰めたとき、ぼくは黙ってしまいます。蝶の標本づくりに精を出していたぼくは、どこからか、科学の目的へとその行為の意味をずらして満足していたのではなかったか？

「科学」という罠《わな》。「科学」という口実。無垢の昆虫少年が、あるときから賢い科学少年に変わっていることはよくあります。けれど、ぼくにとって科学は、蝶そのものへの無私の喜びに取って代わることはできませんでした。科学の必要性、その意義をよく知っているからこそ、それを隠れ蓑にした意識の「成長」に、ぼくはどこかで懐疑《かいぎ》的になっていたのかもしれません。

ずいぶんむかしの、消えかける記憶のなかで、ぼくの「夢」とぼくの「科学」は異なった方向を向いたまま、すこしよそよそしい握手をしていたようです。ぼくが、どちらの側に寄り添っていたか、それは、いつごろのぼくを思い出すかによってちがうのです。

ヘッセ先生。先生が、小説のなかで、子供の成長のなかで変容する生の意義について何度も何度も考えつづけたのも、若き日の思い出というもののそんな儚《はかな》さゆえのことだったのでしょうか。それは獲得と喪失が行き交う、たえざる水の流れのようなものでした。

ヘッセ先生。たしかに蝶は先生にとって、あるときから喪失のシンボルとなったかもしれません。先生の詩にあらわれる蝶には、つねに失ったものへの愛惜と、取り戻すことがかなわない諦念の心が深く投影されています。

おお、チョウよ！　世界がまだ
朝のように澄んでいた子どものころ、
まだ天があんなに近く感ぜられたころ、
おまえが美しい羽を
ひろげるのを見たのが最後だった。
（「チョウチョウ」Der Schmetterling。『ヘッセ詩集』高橋健二訳、新潮文庫）。

「小さい青いチョウが
風に吹かれてひらひらと飛ぶ。
（……）

幸福が私をさし招き、きらきらと
ちらちらと光って消えるのを、私は見た
(「青いチョウチョウ」Blauer Schmetterling。同書)。

先生が、成熟して虫を見ながら過去をふりかえる詩は、どれも懐旧の詩であり、喪失の詩です。

先生、あなたはしかし、ついには、あの昆虫少年のまっさらな充満の宇宙へと戻って行こうとされましたね。インドを舞台に、釈迦《しゃか》の内面の深化に焦点をあて、その苦行と悟りと解放のみちすじを自ら追体験するかのように描き出した名作『シッダールタ』。この作品のある場面に出てきた、「ミツバチはうなっていた」という文言の繰り返しに、青年時代のぼくはひどく心打たれました。第一次世界大戦の傷を心に深く刻んだ先生が、精神の平穏をふたたび求めて、自らの宗教的思索の深みへと降りていったこの小説。ですがぼくには、そこに宗教という地平をさらに超えるような、突き抜けた自然賛歌のメッセージを聞いたのです。

ものごとの本質は目に見える表層的でまやかしの世界の彼方にある、という観念的な思想に呪縛されていた若きシッダールタ。しかしその彼が、ついに意識にかかっていた薄衣《うすぎぬ》をはぎとり、太陽や星や樹木や動物や岩や水によってできた森羅万象のあるがままの輝きに目覚める場面で、先生はこう書かれていましたね。

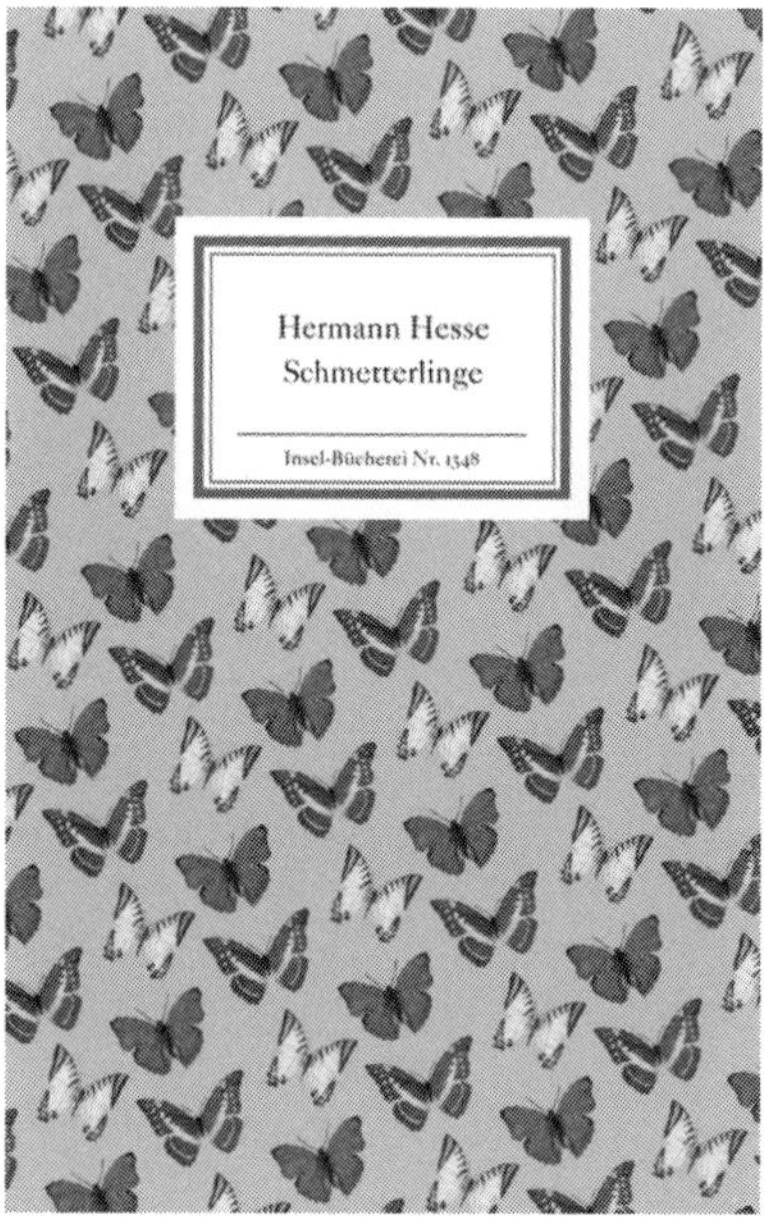

ヘルマン・ヘッセによる蝶をめぐる散文や小説・詩を集成したアンソロジー『蝶』*Schmetterlinge*（Berlin: Insel Verlag, 2011）

小鳥は歌い、ミツバチはうなった。風は田のおもてを銀色に吹いた。そのすべてが、多様多彩で、常に存在していた。常に太陽と月が照っていた。常に川はざわめき、ミツバチはうなっていた。（……）解放された彼の目は、こちらがわにとどまり、目に見えるものを見、認識し、この世界に故郷を求めた。（……）単純に、幼児のように観察すると、世界は美しかった。月と星は美しかった。小川と岸は、森と岩は、ヤギとコガネ虫は、花とチョウは美しかった。そういうふうに幼児のように、そのように目ざめて、そのように近いものに心を開いて、そのように疑心なく世界を歩くのは、美しく愛らしかった。

（ヘルマン・ヘッセ『シッダールタ』高橋健二訳、新潮文庫、一九七一）

いたずらに思惟《しい》の彼岸をめざさず、いま－ここにとどまって、あるがままの世界を受け入れ、意味を求めないこと。そのまっさらに透き通ったシッダールタ（＝先生）の「故郷」には、やはり昆虫がいました。ミツバチも、黄金虫も、蝶も。ヘッセ先生、あなたはここでふたたび、あの無垢の眼差しに立ち戻ってはいませんか。ただ、それが昔と違うのは、その眼差しがただ無心の、イノセントな少年の眼ではなく、悟りと解脱のはてに訪れる、より高次の意識を映しだしているということなのでしょう。

人はこのようにして、進化しながら少年へと還ってゆくこともできる。ぼくは勝手に、そのように先生の思索の変化と回帰を受けとめています。いま住んでいる家の庭のラヴェンダーの花の群に一日中ミツバチが寄りつき、ブンブンとうなっていることが、ぼくの先生への思いを、いまも支えてくれます。

先生の、無垢の喪失の場に永遠にたたずむクジャクヤママユは、たしかに美しい蛾です。日本にも近似種のヤママユガ（天蚕《てんさん》）がいて、その鳶色《とびいろ》の翅を微動だにさせずに広げ、暗闇にじっとしている気高さも、そしてその繭の緑がかった野性的な色あいも、ぼくは気に入っていました。でも、少年時代のぼくは、ヤママユガの標本を作ることはしませんでした。なぜだったのでしょう?

ヘッセ先生。やはりぼくは怖かったのだろうと思います。あの、もろい自足のなかで輝いていた小宇宙の瓦解《がかい》を思い出すことが。先生の味わった心の深い傷を、ぼくも引き継いでしまうことが。

先生はぼくに、捕虫網を持つ少年の陶酔を教え、展翅の作業に没頭する喜びを教えてくれました。でもそれ以上に、ぼくは先生から、虫の世界への純粋な夢から人はかならず離れていくのだという道理を学びました。その倫理は、科学的な意味での「昆虫学」とはまったくちがうものでしたが、ぼくの昆虫学は、そのおかげで、とても繊細な心理的陰翳を持つことになったのです。それはどこか哀しい昆虫学でもありましたが、その哀しさを含んであのミツバチや蝶の世界が存在することを、ぼくは理解していったのです。

ぼくの心のヤママユガの繭からとり出して編まれた、天蚕糸《てぐす》の光沢ある着物は、そんな屈折した思いを裏に織り込んだ、哀しくも愛しい記憶の織物でした。

ギンヤンマの音楽
志賀夘助先生へ

有頭シガ昆虫針の2号3号4号。展翅《てんし》用玉針パール頭付き。シガ製の展翅板《てんしばん》、なかでも傾斜型で、いちばん堂々としたアゲハ・ヤンマ用の1号板。そしてなんといっても不可欠のシガ型ポケット式捕虫網《ほちゅうもう》。さらにシガ製殺虫管、緑色の金属製三角ケース……。

志賀夘助《うすけ》先生。いまもぼくが使いつづけている道具です。六〇年近く、まったくおなじ展翅・採集用具を使いつづけていることじたい奇蹟的ともいえる出来事です。

これらの道具をすべて独自の発想で考案され、製品化し、四世代にもわたる昆虫少年たちに提供しつづけてくださった志賀先生には頭がさがります。もしシガ製の道具がなかったら、ぼくの昆虫学の喜びはきっと半減していたにちがいないからです。それらはたんなる道具ではなく、少年の思いを具現化し、夢をかなえるためにつくられた、無私の贈り物だったのでしょう。ぼくが触れていたのは、先生のそんな真心でした。

「渋谷の志賀」。これが昭和三〇年代から四〇年代はじめにかけての、ぼくたち昆虫少年の符牒《ふちょう》のような合言葉でした。シ・ブ・ヤ・ノ・シ・ガ、と発音するだけで虫好きの友だちと静かにうなずき合い、楽しい気分にひたることができたのです。一年に一度か二度、小遣いを握りしめ、採集や飼育、標本づくりの用具を求めて渋谷の宮益坂を急ぎ足で登りつめる時の心のドキドキ感は、いまもまだぼくの内部に記憶の鼓動を打ちつづけています。

志賀先生。ぼくはこのところ、先生が九三歳のときに出された心動かされる自叙伝『日本一の昆虫屋』を読み返しています。明治末期の雪深い新潟県松之山村に生まれ、貧しく病弱のなか苦節の少年期を過ごし、大正九年、一六歳で上京して時計屋、漬物屋を経て、駒場の昆虫標本店に奉公することになるまでの経緯だけでも、ほんとうに波乱万丈の人生ですね。一七歳で先生が出あわれた昆虫標本の世界。年若い先生が、研究機関や学校などに納める昆虫の「標本」をつくっていた製作所に入ることになったのは、まったくの偶然でした。ですが、標本の製作という実用的な場から虫の世界へと入っていかなければ見えないものがあったことを、ぼくは先生の本を読んで感じるのです。先生が、ただ虫を採ることだけでなく、虫の種類や生態を深く知り、野山で採集した標本を美しく仕上げることの喜び、そこから生れる快楽と探求心の果てなさを実感され、そうした確信に立って、昆虫学の一般への普及のために展翅と採集の用具の考案が始まったこと。それは、日本の昆虫学の民間的な展開の歴史の上でも、特筆すべき事情だったというべきでしょう。だからシガ製の用具には、個人に由来する不思議な情熱、一人の人間の謙虚な「発見」と「覚醒」から生まれた喜びの結晶、そしてそれを同好の士へと手渡そうとする強い意志が、たしかに備わっていたように思われるのです。

たとえば、シガ製の展翅板。蝶やトンボの胴の部分をシガ昆虫針で刺して固定し、並行する二本の上板に翅を乗せて左右対称に広げ、整形してパラフィン紙の細いテープで止めてゆくときに使う基本道具です。その几帳面なつくり、その飾らない優美さは、ぼくの感じていた虫たちへの愛情とまっすぐにつながっています。上板が桐材でできた軽く美しい展翅板で標本を仕上げたとき、虫たちは新しい命をたしかに得ました。展翅され標本となった昆虫たちの新たな輝きは、大地を飛翔する蝶やトンボたちのエネルギーと拮抗《きっこう》する、もう一つの生命体の運動にも見えました。

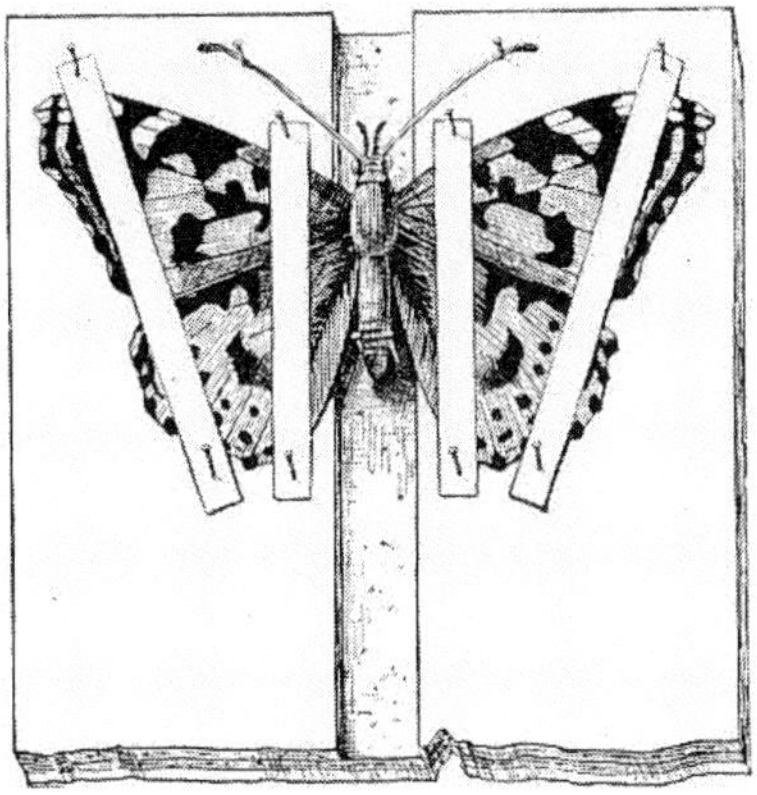

蝶の展翅の方法を解説する19世紀末の図鑑に描かれた図版。いまの方法と基本的に変わりはない。イギリスの科学者・作家のウィリアム・ファーノー著『イギリスの蝶と蛾』（1894）より

一ヶ月ほどして、すっかり固まった蝶を展翅板から外し、標本箱に収めたときの凜々しさ。その虫を偶然に発見し、苦労して捕まえたときからはじまる「生命の物語」は、標本箱のなかで生きつづけるのです。カツオブシムシに食い荒らされないよう、年に一度は、標本箱を開けて殺虫用のナフタリンを

入れ替える、その度に、ぼくは「生命の物語」の鼓動がよみがえるのを感じ、標本を見飽きることがありませんでした。信州の山深い高原の春に現われた女神ヒメギフチョウ、奄美大島の青空を滑空していたツマベニチョウ、北海道空沼岳の川べりを軽やかに飛んでいたエゾシロチョウ……。運動と色とリズムが刻印された生命記憶。「標本」と呼んでしまうと抜け落ちてしまう、そんな記憶と物語の躍動が、展翅された一匹一匹の蝶には宿っているのです。シガの展翅板も、昆虫針も、一つの生命を別の生命へと引き継ぐためになくてはならない存在なのだということに、ぼくは気づいていたのでしょう。そんな生命の連続性を直観することができたのも、先生の深い心遣いが道具の影に刻まれていたからこそでした。

山へ野原へと出かけて陶酔するように網を振り、虫を捕まえていた少年時代。それが実のあるものとなったのも、先生からの特別の贈り物のおかげです。そう、シガ型ポケット式捕虫網。ぼくにとって、いまだに輝かしい光を放つ唯一無二の道具。すべての喜びと恩寵の原点にある、頼もしい同志です。

先生が開発されたこのポケット式捕虫網は、素晴らしい工夫がいくつもほどこされていて、ほんとうに虫を採りたいと願っているぼくたちの心を虜にしました。ホームセンターや文房具屋でいまも売っているような、プラスチックの棒の先に小さくて硬い網がくっついたおもちゃのような虫採り網とは、まるで出来がちがうのです。まず、柄に取りつけられたバネ状の網枠のしなやかさと安定性といったらありません。網を持つ者の身体の動き、手のはらいに合わせて、柔軟に動き、精確に獲物を取込んで逃がさない弾力性はシガ型だけのものです。さらにバネ上のワイヤを8の字にして折り畳むと小さな円になって、ほんとうにポケットの中にさえ入るほど携帯に便利なのです。シガ製のナイロン網のやわらかさと大きさも理想的でした。蝶やトンボを捕らえた瞬間にひらりと宙で柄を返せば網が二つに畳まれ、閉じこめられた虫はもう脱出することができません。

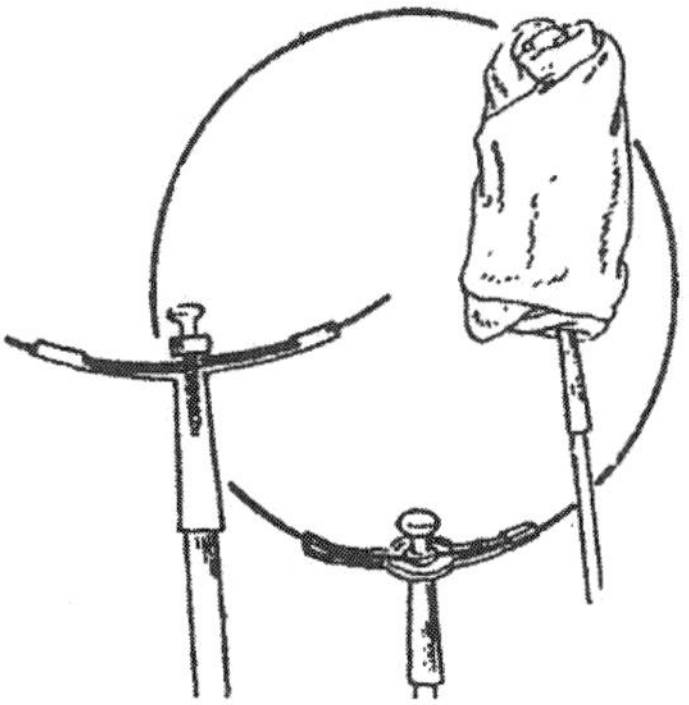

志賀昆虫普及社のカタログに記載されたポケット式捕虫網

しかもなお、獲物はやわらかく充分に大きな網に包みこまれ、決して翅を傷めたりしないのです。ぼくの少年時代はこの網をシガ特性の金具に取り付け、そこに竹製の柄を差し込んで使っていました。この竹製の柄も、四本ほど継ぎ足すことができ、全部継ぎ足すと高い木の上を飛び回るミドリシジミ類などにもぴったり届く長さになるのです。

この捕虫網こそぼくの大切な分身でした。子供心に芽生えはじめたささやかな自負心は、この捕虫網をもっているからこそのものだったのです。竹竿が折れたとき、網が破れたとき、替えを求めてぼくは電車を乗り継ぎ、渋谷駅から「志賀昆虫普及社」への坂道を走りました。そんなとき、六〇歳を過ぎた先生が小さなぼくを迎え、相手をしてくださったこともあったでしょう。でも、少年はまだ人にたいする基本的な礼節すら知らなかったのです。こんな素晴らしい道具が、誰によって造られているのかなど考えもしなかったのです。虫が世界の中心にいるかぎり、その世界にいる人間の影はとても薄かったのです。それは子どもの無垢であり残酷さでもありますが、いまだからこそ、ぼくは先生に心からのお礼を言わねばなりません。ぼくのような小学生が、礼儀作法など知らないまま、ただ虫の世界へ夢中になって入り込んでゆく姿を、先生は静かに、店のカウンターの向こうでニコニコしながら肯定し、優しく見守っていたにちがいないのですから。

シガ型捕虫網が大活躍した、心震える思い出についてはどうしても書いておかねばなりません。家から歩いて五分ほどのところに小さな沼がありました。ぼくの育った土地は海岸砂丘の縁で、あたりには松林と砂地の原っぱが広がり、そのなかにアシの群生する湿地が点在していました。隣町である「鵠沼《くげぬま》」の名も、沼沢地に飛来する鵠《くぐい》（＝ハクチョウの古名）に由来するものでした。そんな地名の名残を示す小さな沼は、少年時代のぼくにとってはトンボの飛び交う楽園でした。六月か七月になると、その沼にはかならずギンヤンマが現われたのです。日本産のトンボのなかでももっとも光輝にみちた、大型でとても敏捷なヤンマです。

ギンヤンマの沼。ぼくの毎年の最高の喜びはそこに出かけていくことでした。松林の向こうに沼が見えはじめると、音楽が鳴りはじめます。水面のすぐ上を猛スピードで滑べるように飛ぶギンヤンマの翅音《はおと》です。ぼくの心臓はそのブーンというううなりのような翅音に合わせて自然と高鳴ります。沼の縁に立って耳を澄ませ、あたりを見わたします。運がよければ、たくさんのギンヤンマが水面近くを飛び交い、優美に飛行する姿を誇示しています。重なる翅音が交響楽に変わります。翅を小刻みに動かしながら中空に留まるホバリングをしたかとおもうと、一気に上空はるか高くへ飛び去っていきます。幸運が重なれば、水草の上に止まったオスの尾にメスが連結し、腹部を水の中に入れて産卵している姿を見ることもできます。オスの胸部と腹部の境目は鮮やかな水色で、ボッティチェリの「ヴィーナスの誕生」の背景の海を思わせる鮮烈なターコイズブルーにぼくはすっかり魅せられていました。

翅音の交響楽に合わせて、いよいよぼくは指揮棒を執ります。そう、シガ型捕虫網です。高速で飛び去っては回帰する翅音は複雑な対位法を奏で、ホバリングの動きがシンコペーションのような変形リズムをはらんで指揮棒を執るぼくを挑発します。ブーンと鳴りつづける翅音はバッハの「パッサカリア」を思わせるバッソ・オスティナートを刻み、小宇宙の音楽の持続低音を執拗にくりかえします。網を持ったぼくはこの音楽のなかに包みこまれてすっくと立ち、すばやい飛翔のリズムに合わせて小刻みに動きながら、自分の身体をギンヤンマの動きに同調させていきます。傍から見れば追いかけごっこにしか見えないかもしれません。でもぼくの意識はちがいました。それは自然との深遠な合体をめざす、ほとんど聖なる手続きのようなもので、やみくもに追いかけていては決して捕獲することができない自然からの贈り物を受けとめるための、野生の流儀へと近づく身ぶりだったのです。

ギンヤンマの動きはすばやいので、捕まえるためには失敗をくりかえす辛抱が大切です。何度も何度も試み、位置を変え、捕り逃がし、網を濡らし、そしてついに、ぼくのからだの動きとギンヤンマの動きのリズムが不意に同調した刹那、網のなかにトンボが吸い込まれてくるのです。手がふるえる、歓喜の瞬間です。

それは、ぼくが「捕まえた」というより、二者の呼吸が奇蹟的な合体を果たしたとき、網のなかにトンボが「入っている」といったほうが正確でしょうか。こんな芸当が可能なのも、シガ型捕虫網の自在な柔軟性のおかげです。でもそれは結局は、網の技術的仕様の問題ではないのでしょう。この網以外の指揮棒でギンヤンマの奏でる音楽を指揮し、そのフィナーレまでを振り尽くすことなどけっしてできない、とぼくはどこかで直観していました。この網、この指揮棒には、感動する心が、あらかじめ仕組まれているのです。ギンヤンマが、まるで自分からそこに飛び込んできたと思わせる、不思議な、無私の感動です。きっとぼくは、人間中心主義のもとにできあがっている世界の境界を、この網を仲立ちにしてふっと越えたのです。すると獲物は、まるで贈与された自然の賜物のように、向こうからやって来るのです。これこそ先生が昆虫少年たちに密かに授けたプレゼントでした。

昆虫少年にとって虫の「採集」とはなんだったのでしょう？　「ぼくの昆虫学」のまさに核心にある採集という行為の背後には、どのような哲学や倫理学があったのでしょう？　ぼくは気づきます。あのころのぼくの昆虫採集は、けっして虫を「おびきだす」ものではなかったということに。夜行性の蛾や甲虫類などを狙って仕掛ける糖蜜採集という方法が、ぼくの性には合いませんでした。それはクヌギなどの幹にゼリー状の蜜を塗りつけたり、バナナトラップと呼ばれる熟れたバナナを

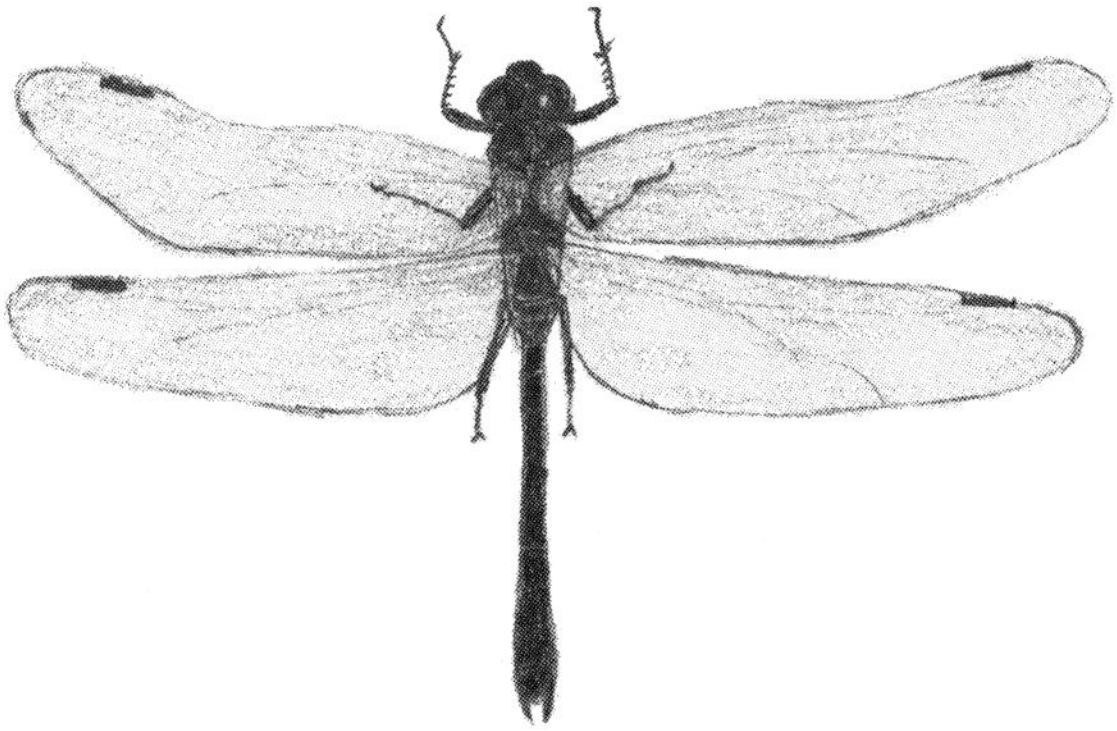

Anax parthenope
ギンヤンマ

入れた網袋を吊るしておき、夜や明け方になったらその場所にふたたび行って、餌におびきだされたカブトムシやクワガタムシを捕獲する方法です。

それは、ぼくにはどこか邪《よこしま》なやり方に思えたのです。昆虫の個体をただ手に入れるためだけの、合目的的ではあれ、見境ない、自然の道理から外れた方法。自然界のなかにひっそり身を置かせてもらっている人間の謙虚さを忘れた、自己中心的な方法。でもいまやこの方法がコレクターたちの常識です。いまでは蝶を採集するマニアは捕虫網の色まで選びます。赤は熱帯の蝶が好み、青色はギフチョウがその色に反応して寄ってくる、というのです。白い、あの艶やかな網は嫌われているようなのです。青い網でギフチョウを呼びよせ、色をおとりにして捕まえて真に喜ぶことが、ほんとうにできるとはぼくには思えません。志賀先生も自伝のなかで、自分は白い新しい網をわざと少し汚してうすい土色にして使った、と書かれていましたね。それこそが、虫の心に近づく、傲慢からはほど遠い、繊細なやり方です。

ぼくは、虫と偶然に「出遭うこと」の幸福を、なにものにもかえがたいものと感じてきました。そのためには、意図的におびき寄せるのではなく、棲息地に行き、ただひたすら愚直に「待つこと」しかありません。そして捕れなければ、つぎを期するること。また今度このおなじ森に、おなじ草原に挑戦しに来るぞ、という気分ほど昂揚するものもなかったのです。捕れた獲物の数という皮相な結果として「採集」の意味をとらえる限り、私たちの欲望はかならず不自然な方法へとエスカレートしてゆくのです。

その意味で、ぼくはけっして「マニア」にはなれませんでした。先生もおなじ気持ちを本のなかで吐露されていましたね。マニアは、限られた場所に殺到して珍種を探し求め、果ては日本にいない種を海外で捕獲し、家に持ち帰って飼育して美しい標本個体を得て満足しますが、それは日本固有の蝶や甲虫の分布構造を改変する危険さえはらんだ、問題含みの行為です。先生が、昆虫用具屋としての自負をこめて、自分はマニアではない、と書かれたことの重さを、ぼくはいまだからこそ深く受けとめるのです。

先生は言外に、マニア的蒐集癖が、度を越すとやがて昆虫の生体や標本の売買による金儲けへと突き進んでゆくことの危険を暗示していたようにぼくには思えます。

いまや、日本の山野に、高値で売れる甲虫の希少種を、プラスチック製の捕獲トラップといった非道な方法で一網打尽にする密猟者が横行しています。奄美大島では夜の森で固有種のアマミマルバネクワガタなどを大量捕獲する密猟者が増え、地元の人々は監視団を組織して夜間パトロールをするという、どちらも悲しくなるような異常事態です。沖縄北部山原《やんばる》地方のヤンバルテナガコガネや、伊豆御蔵島《みくらじま》のミクラミヤマクワガタなどもおなじような状況にあります。南米ボリビアでも、日本の業者に流すため、絶滅危惧種である美麗なサターンオオカブトを現地ハンターが一匹三千円程度で大量に捕獲する闇ビジネスが横行しているようですが、これが日本のペットショップに並ぶと五万円の高値をつけるのです。こうした数々の出来事は、ぼくにますます反−マニアの信念を植えつけます。昆虫が金儲けの道具に成り果てていることは、自然への最大の冒瀆にほかならないからです。昆虫少年を育てたいという先生の純粋な気持ちを逆なでする、ほんとうに腹立たしい話です。

ぼくはいまも、家の周りに棲息するごくふつうの蝶たちを卵から飼育し、蛹から孵《かえ》った成虫を空に放つささやかな喜びを味わいつづけています。庭の片隅にはそうした蝶たちの食草《しょくそう》や食樹《しょくじゅ》が植えられています。アゲハチョウにはサンショウやミカン。キアゲハにはフェンネルやパセリ。アオスジアゲハにはクスノキ。ゴマダラチョウにはエノキ。こうしておけば、ぼくの家の庭が大きな昆虫世界の一角に組み込まれ、毎年蝶たちが訪れ、卵を産み、世代が交代してゆく様を身近に見ることができるのです。「昆虫は限りない私の先生でした」。志賀先生に謙虚にそういわれてしまうと、書物からの刺戟に大きく依存してきたぼくの昆虫学はまだまだ頭でっかちなのかもしれない、と少し反省してしまいます。でもだからこそ、ぼくは虫たちの生の営みそのものにいつも還ろうと努めてきました。そう、虫こそがぼくの昆虫学の究極の先生なのでしょう。九〇年も昆虫とともに生きるとその境地に少し近づけるかもしれません。でもそれまでは、やはりぼくの昆虫学の大切な先生の一人は志賀先生、あなたです。先生は子どもたちに向けてこう書かれていましたね。

昆虫ブームが終わり、子ども時代に昆虫採集の経験のない人たちが増えてきています。同時にいま、昆虫への興味が薄れてきています。そして、自然を大切にする、エコロジーブームです。しかし、昆虫採集がエコロジーに逆行している、というのは、昆虫を知らない人のいい分ではないでしょうか。昆虫に興味を持つということは、自然のなかに入り、草木を知り、天候を測り、自然と仲良くなることなのです。（……）日本にもぜひとも、第二のファーブル、第三のファーブルのような人たちが出てきてくれることを望んでいます。

（志賀夘助『日本一の昆虫屋』文春文庫PLUS、二〇〇四。改行省略）

この先生の考えに、ぼくは全面的に賛同します。昆虫採集は人間のテリトリーから少しだけ逸脱し、自然界と裸で対峙する小さな冒険なのです。追跡の対象である獲物《ゲーム》を定めた、素朴な手の計略《ゲーム》をも含んだ、深い遊戯《ゲーム》です。そんな自然への冒険的な「越境」のなかで、ぼくたちの人間としての輪郭はつつましいものへと成形され、その謙虚さの上に立った陰翳のある自意識も芽生えてきたのです。いま、自閉的なデジタル「ゲーム」への耽溺や、幻想の「安全」を強要する社会心理によって、子どもたちのそんな冒険の可能性がはじめから摘み取られているとすればとても残念なことです。小学生用のノートの表紙にあった美しい蝶やテントウムシの写真は、いまや怖がる子どもが多いので花の写真にすっかり置き換えられています。木登りをしてクワガタを捕まえようとしている元気な小学生の写真が理科の教科書の表紙に使われようとしたこともありましたが、木登りという行為に「安全への配慮が足りない」という文科省の検定意見がつき、出版社はあわてて子どもの靴の部分に地面の写真をデジタル合成して修正し、検定を無事パスしたという冗談のような話もありました。

志賀先生。エコロジーは口当たりのいい標語でしかなくなり、人間は自然の核心からどんどん離れようとしています。自然界の掟を知り、その謎を究めることを怖れています。けれど先生がいうように、昆虫採集は自然という生命の大きな循環系の全体像を直観する、とても優れた方法であることに変わりはないのです。

先生が、子どもたちに向けて第二第三のファーブルを待望されていること、とても心強いです。シガ型捕虫網の背後に隠された思想が、ファーブルの、愛情をこめた日々の徹底した昆虫観察の思想につながっていることも。ぼくは、ファーブル自身が、虫たちの奏でる音楽について書いているこんな一節を思いだします。

わたしはキリギリスのヴィオロンや、雨ガエルの笛や、カンカンゼミのシンバルは、地球上の動物がそれぞれのしかたで祝っている、生きていることのよろこびをあらわすのに、ふさわしい音楽だと考えるのだ。もしもだれかが、セミはただ、じぶんたちが生きていると感じられるよろこびのためにあの歌をうたっているので、これはちょうど、わたしたちが満足しているときに両手をすりあわせるのとおなじだと、言ったとしても、わたしはべつに、あまり反対はしないだろう。

（『ファーブルの昆虫記　上』山田吉彦訳、岩波少年文庫、一九五三）

ここに、ぼくの少年時代の夏の日差しをキラキラと反射させる沼の水面を低空飛行していたギンヤンマの翅のうなりの音と同じものが、みごとに描かれています。あの音楽が。そしてそれを指揮する一人の少年の網を持った小さな影が、いまのぼくには見えます。

オオカマキリの祈り

得田之久先生へ

トクダユキヒサセンセイ。そうあらたまって呼ぶのも、なんだか少し気恥ずかしいようにも感じます。もちろん、いまふりかえれば、少年期の「ぼくの昆虫学」のもっとも身近で決定的な師匠は、まちがいなく得田先生でした。でもあまりに近しい関係のなかで一緒に遊び、親しくつきあっていたせいでしょうか。半世紀以上が経ってもいまだにぼくのなかでの先生は、あの朗らかな笑顔と張りのある声の青年「ユキチャン」のままです。駄洒落好きで、決して深刻ぶることなく、社会の道徳的なこわばりをたえず脱臼《だっきゅう》させながら超然と生を楽しもうとする闊達《かったつ》さ。われわれがこの世界に生きてあることのほんとうの真実を、自然と人間が共有する「野生」の状態にたち還って再発見していこうとする先生の純粋な意思に、ぼくはおおきな影響を受けたのだと思います。虫はその野生世界への扉の前にたたずむ、妖しい精霊たちでした。

この小さな精霊たちの世界への文字通りの「参入」、ぼくのその最初の第一歩を、いたずらっぽい笑みとともに後押ししてくれた先生。ぼくが幼少期からばくぜんと直観していた、規則と建前でできた大人たちの世界の重苦しさ、不自由さから離れて、先生はささやかな冒険をぼくに促してくれたのでした。

先生は、隣家に住んでいる長身の若き絵本作家として、ぼくの前に颯爽《さっそう》と登場しました。一九六〇年代のなかば頃、子どもたちを相手に昆虫を題材にした絵本を描く人など、世界中を見渡してもおそらく存在しませんでした。得田先生は、映画にはまっていた大学生時代から、幼稚園の子どもたちの様子を観察し、彼らに絵を教えるかたわら、子どもたちの誰もが好きなムシの世界の深さと楽しさを伝えようと、昆虫だけを題材とした絵本を制作しはじめたのでしたね。それはまた、湘南の海と砂丘と松林と沼と草叢の土地で、終戦直後の復興期で忙しかった大人から放っておかれたために思いっきり自然と戯《たわむ》れ遊ぶことができた先生自身の子ども時代の充満する喜びを、その遊びの深度と強度とを、高度成長期を生きはじめたあらたな子どもたちに忘れないでいてほしい、という気持ちのあらわれでもあったのでしょう。一五歳ほどの年齢差のなかで、ぼくは先生にとってのそんな遊戯精神の継承者として選ばれたのかもしれません。でもそこには師と弟子の堅苦しい上下関係のようなものは、まったく存在しませんでした。それをいいことに、ぼくは師の影をずかずか踏んで我先にと蝶を追いかけてしまうような、ずいぶんあつかましい弟子だったかもしれません。でもそれこそが、押さえつけてはならない、子どもの純な好奇心そのものだったのです。あんな奔放で無法の遊びを心から促してくれた先生には、感謝のことばもありません。

思い出すことは無数にあります。砂地のモモ畑だった土地に先生の家がまず建ち、ほどなくしてぼくの両親が生まれたばかりのぼくを連れてその隣に引っ越して、スイカ畑に家を建てました。どちらも、ペンキ塗りの木造平屋建ての簡素な家。家と

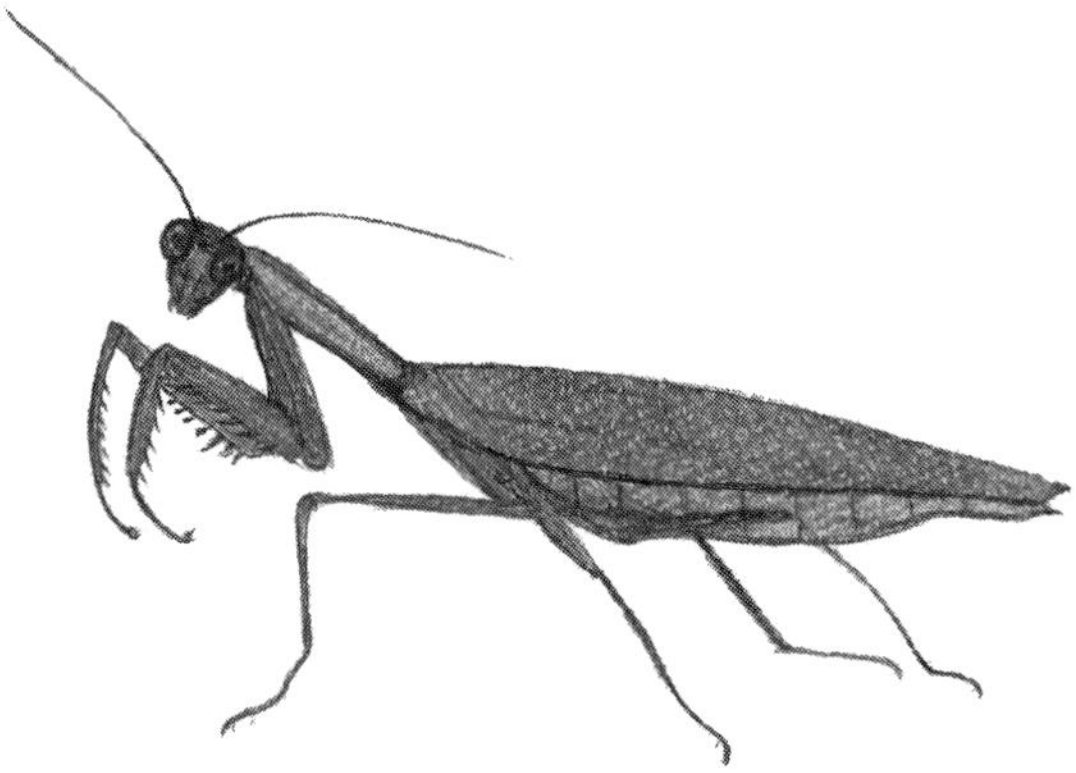

Tenodera aridifolia
オオカマキリ

家のあいだには、腰高ぐらいの木製の隙間だらけの柵がぐるりとめぐっていましたっけ。両方の家の庭先から、柵越しにいつでも話ができました。ぼくが物心ついたとき、先生は大学生になっていたでしょうか。まもなく大学を辞めて自宅をアトリエにして絵本を描く青年作家が生まれ、ぼくはいつからか先生のアトリエに入り浸るようになりました。質感ある厚手の画用紙、大小無数の筆、色とりどりの絵の具、妖しくも美しい虫の標本たち……。無垢の子どもにとっては魔法の館のように魅力的なアトリエでした。

　ぼくが小学生のうちはあまり難しい話をすることもなく、ひたすら近所の草叢や林や畦道に出かけての虫採りだったでしょうか。チョウもトンボもバッタもカミキリムシも。採ってきては、標本にして見せ合う日々。なにより、先生のこんな言い方が記憶にのこっています。虫はかならずしも遠くに採りに行くものではないよ。家から一番近い草叢。その端からゆっくりと歩いていってごらん。数十センチごとに、ちがう虫が見つかるよ。それらを一つ一つ観察していれば、五〇メートルの草原の一本道が一日かけても歩き終わらないような、一つの宇宙になる。ミクロの世界のなかに凝縮されたマクロの世界が詰まっている。人間の体のなかに何兆ものバクテリアが住んでいるようにね……。

ミクロとかマクロとかバクテリアとかいった謎めいた魅惑的な言葉は、学校の理科の授業で知る前に、先生の口から耳にしていたように思います。「ミクロ」などという言葉をはじめて聞いたぼくが当惑していると、先生はこんなふうに教えてくれましたっけ。「オオクワガタというのがいちばん大きいクワガタムシだね。それが住んでいるクヌギの木全体がマクロの世界。オオクワガタより小さいのがコクワガタ。もっと小さいのがチビクワガタ。そしていちばん小さいミクロのサイズなのがマメクワガタ。コがチビになってマメになって、ついにミクロに行き着くんだよ。ああそうだ、マメよりもっと小さいとケシツブになる。バラのつぼみにチョキンと穴をあけるケシツブチョッキリという黒い虫もいるよ」。

最後はちょっと駄洒落めいていますが、こんな楽しい教え方は学校にはありませんでした。このあと、「ミクロ」という言葉はぼくのなかで「チビ」とか「マメ」とか「ケシツブ」とかいった可愛らしい言葉と対《つい》になっていつも脳裏に浮かんでくるようになりました。先生が言うように、そもそも虫こそが、人間が把握している自然のスケールとはことなった、はるかに凝縮されたなかに無限を宿す小宇宙に住んでいる生き物なのです。虫の名前の頭によくついている「コ」とか「チビ」とか「マメ」とかいった接頭語は、単にそれが小さい、というだけではなく、昆虫が人間たちとはちがう空間次元に棲息し、別の意識を持ってぼくたちとこの現実を共有している秘密を直観させてくれるのでしょう。

そういえば、ぼくが小学校五年生の時、《ミクロの決死圏》というSF映画が大人気でした。医師たちが潜水艦ごと縮小されて、困難な手術のために人間の体内に潜入するという奇想天外な映画でしたが、空間次元《ディメンション》というものを操作することで、血管のなかを潜行するミクロ化された人間たちの姿を面白く描いていて、ぼくはそのアイディアをとても気に入っていました。でも先生は、ぴったりしたウェットスーツのような未来服を着た女優ラクエル・ウェルチの魅力のほうにすっかり参っていたんでしたっけ?

先生とは、家から少し離れた里山にもよく出かけましたね。夏の終わりには、南に面したミカン畑の斜面に大型のモンキアゲハがゆらゆらと飛んできて、大騒ぎしながら網を振ったこともありました。エノキの大木の樹上になにか光る虫がちらちらと大量に群れ飛んでいるのを発見し、それがあの美しいタマムシだとわかったときの興奮もよく覚えています。細かな虹が集団になって樹上から降りてくるような景色に、二人で見とれていましたね。

虫をただ一緒に採ったという以上の、印象的な思い出もたくさんあります。ぼくの祖父母が住んでいた山梨の田舎の家にも、何度か一緒に行きましたが、ある暑い夏の一日、渓谷を遡りながら虫を探していたときです。樹液が出ているクヌギの幹に、一羽のオオムラサキがとまっていました。興奮して近づくとさっと飛び立ったのですが、それはオスよりもずっと腹部の太い大きなメスで、ぼくが夢中で網を振るとなぜかぐいっと網のなかに飛び込んだのです。まるで小さな鳥を捕まえたかのような、激しい運動と強烈な重みに、オオムラサキという蝶の真のエネルギーを感じて、網を必死に握りしめるぼくは腰を抜かしそうでした。先生はこの大収穫を喜び、谷川に降りて大きな青く平たい岩の上にすっくと立ち、歌いながら祝福の踊りを踊ってくれましたね。そう「白鳥の湖」のオデット姫でした。川の流れのなかにある大岩に立って、爪先立ちでクルクルとピルエットを踊るあの陽に焼けた白鳥には大笑いしました。先生の遊戯精神の真髄《しんずい》を見た瞬間です。あのとき以後、オオムラサキの雌はぼくのなかでオデット姫の清楚なイメージとどこかダブって見えているのです。

駄洒落やバレエではなく、先生の天職である絵本の話もしなければなりません。先生の虫の絵本にも、子供のころからおおいに触発されていました。でもそれは出来上がった本に単に魅せられる、という以上に、下絵や書きかけの断片など、本になる前の創作過程をアトリエで観察しているからこその感動で、一冊の本というものはこのようにして生まれるのだという秘密がそっと授けられたように思ったのでした。本をつくる、ということへのぼくの関心は、ここから生まれてきたのかもしれません。

得田先生の絵本といえば、なんといってもカマキリです。最初の作品『かまきりのちょん』（一九六七）は、オオカマキリの「ちょん」が、ある朝つゆくさのあいだから顔を出し、テントウムシを追っかけたり、ミノムシとブランコ遊びをしたり、大勢のアリに追われたり、トノサマバッタを捕まえて食べたりしながら過ごし、つるりんどうの紫色の花の影にもぐって眠りにつくまでの一日の行動を、易しく物語ったものでした。絵は克明な細密画のタッチでありながら、どことなくユーモラスな空気もあり、野生の草叢の王者の風格を持ちつつ不思議に人間くさい空気も発散するオオカマキリの姿は、少年のぼくの印象に強く刻まれました。

その後、先生はかまきりの絵本をたくさん出されていきます。『かまきり　おおかまきりの一生』（一九七二）は、とりわけ精密で迫力ある絵の描写が特徴的で、これだけの精確な昆虫画と生態の科学的な説明と流れるような物語性とが結合した絵本は、ちょっと他にないかもしれません。オオカマキリのオスが、刺の生えた鎌のような前肢を振り上げ、ミンミンゼミを食べている場面など、容赦のないリアリズムの筆致で、小さい子どもなど泣きだしてしまいそうな迫力でした。ムシはメルヘンの世界にはいないことを、先生は優しく伝えようとしていたのでしょう。つぎ

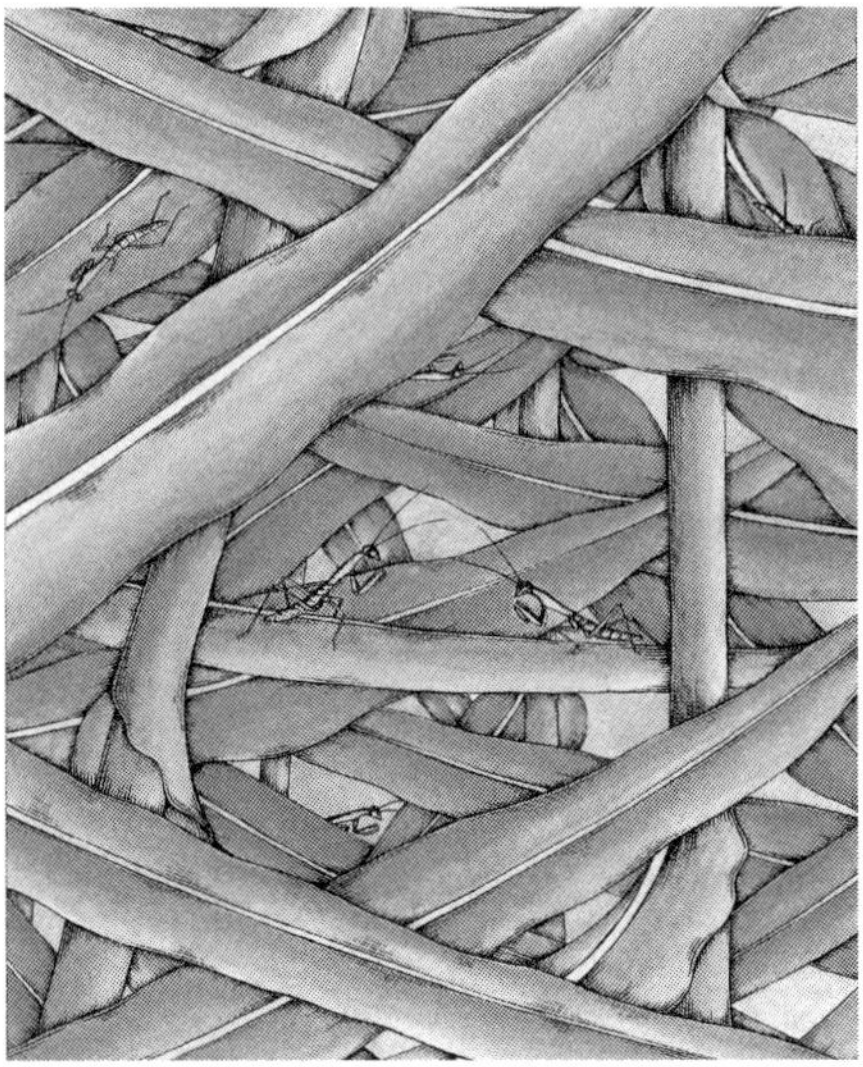

「はじめての　よる。なかなか　ねむれない。」（得田之久『かまきりのキリコ』（童心社、1984）より）

に出された『かまきりのキリコ』（一九八四）はメスのオオカマキリが主人公でした。この本は、野葡萄の茂みに産みつけられていた卵嚢《らんのう》のなかから誕生したキリコが、ひとりになってさまざまな困難を乗り越え、狩りをおぼえ、脱皮を繰り返しながら成長し、大人になってオスと結婚して自分が今度は卵を野葡萄の枝に産みつけて消えてゆくまでを、リアルに、丁寧に、どこか淡い情感とともに描いていました。キリコという名に、一緒に美術館に見に行ったイタリアの特異な幻想画家へのぼくたち二人の偏愛がひびいていて、微笑ましく思えます。さらに一塊の泡のような卵嚢から生まれるたくさんのカマキリのなかで、最後に成虫まで生き延びるたった一匹を描いた『１６２ひきのカマキリたち』(二〇〇〇)もありました。どの本でも、野原で生態をじっくり観察し、冬枯れの草原で見つけた卵を持ち帰って自宅で産卵させながらその一生をたんねんに辿ろうとした先生は、カマキリの躍動と悲哀とを、野生の厳格な掟として、静かに子どもたちの前に差し出しているのでした。

ぼくが高校生ぐらいになって、オオカマキリを飼育したりしながらその生態観察に熱を上げていたあのころ、先生もぼくも、心躍る「冒険小説」や「秘境小説」にのめり込んでいましたね。ハックルベリー・フィンやネモ船長はもちろん、ライダー・ハガードの『ソロモン王の洞窟』や『洞窟の女王』を読んではそのスリルを語り合い、アルゼンチン生まれの鳥類学者・ナチュラリスト、W・H・ハドソンの『パープル・ランド』や『緑の館』に痺れて南米のパンパや密林に憧れ、コナン・ドイルの『失われた世界《ロスト・ワールド》』を読んで、恐竜や猿人が生き残るアマゾン奥地の秘境に夢を馳せていました。

そんな小説群のなかでも、とりわけ心躍る、感嘆すべき冒険の書『カラハリの失われた世界』（佐藤喬・佐藤佐智子訳、筑摩叢書、一九七〇）は、ぼくたちの枕頭の書でした。南アフリカ出身の作家・探検家ローレンス・ヴァン・デル・ポスト。古い砂漠の部族の生き残りを求めて彷徨う冒険。土地に伝えられる伝説と、現実の旅とが交錯する夢のような出来事。翻訳されてつぎつぎと出始めたヴァン・デル・ポストの小説や紀行にすっかり魅了され、興奮して語り合っていた時期もありましたね。

そのヴァン・デル・ポストの傑作の一つが『狩猟民の心』*The Heart of the Hunter* でした。部分訳が出たのは一九六六年のことでしたが、ぼくが持っているペンギン・ブックス版はいま確認すると一九七六年のものなので、大学生になって居ても立ってもいられずに、一冊まるごと原文で読もうと買い求めたのでしょう。カラハリ砂漠に住む、アフリカ最古の住民ともいわれる部族サン人。岩に絵を描き、豊かな伝説を持ち、特有の詩的な言い回しを使う小さな古代人。彼らの土地への侵略者である白人と黒人によって追いつめられ、消滅寸前になった人々。ヴァン・デル・ポストは、自らの幼少時代からの親しい呼称として彼らを「ブッシュマン」と呼んでいますが、この『狩猟民の心』に、なんとブッシュマンの始原の霊であるカマキリが登場するのです。ぼくは、この思いもかけない土地からのカマキリの不意の出現に驚き、神秘的な物語を生成させるカマキリの普遍的な力に魅了されました。

ヴァン・デル・ポストの作品では、その始原のカマキリの霊はカッゲンと呼ばれています。それは「年老いた火作り」とも呼ばれ、この世界に火をもたらした始祖なのです。カッゲンは人々に言葉をもたらした存在でもあり、この世のすべてのものにそれぞれにふさわしい美しい名前を与えたのはカマキリなのでした。

世界の最初の洪水のとき、カマキリは暗い水の上を蜜蜂の助けによって運ばれてきたのだとブッシュマンの神話は語ります。水浸しの荒野で休む場所もなく疲れ果てて、背負っていたカマキリの重みに耐えかねて絶望していた蜜蜂は、大きな白い花が洪水の流れにのって動きながら咲きかけているのを見ました。蜜蜂は、瀕死の力をふりしぼってカマキリを花の芯の上に乗せ、荒れ狂う水から守るようにして、カマキリの上に最初の精神の種を蒔いたというのです。その精神が人となりました。カッゲンはこうして洪水を逃れ、ブッシュマンたちの始祖となったのです。白い花の上のカマキリ。それはぼくには、インドネシアあたりの密林にいる、まるで蘭の花そっくりに擬態したハナカマキリを連想させます。たしかに、カッゲンの霊が最初に変身したのは花だったとも言われているので、ブッシュマンの特異な視線は、アフリカにはいないはずの白いハナカマキリの可憐な姿を、緑のカマキリの背後に夢見ることができたのかもしれません。とても不思議な神話です。

『狩猟民の心』には、ローレンス・ヴァン・デル・ポストが、ブッシュマンの母を持つ彼の乳母クララにつれられて、はじめて「祈るカマキリ」を見たときの幼い記憶が鮮烈に描かれている箇所があって、そこはこの本のもっとも感動的な部分でした。おそらくは、幼児ローレンスの最初の記憶かもしれないものですが、その記憶はこう書かれています。

我々の傍の草の上にかまきりがいた。非常に静かに、頭を傾けて、まるで我々には聞こえない何かに耳をすましているようだった。突然、どこからともなく、草の上の我々の傍にあらわれた、この異様に静かで奇妙に瞑想的なものを見て、私は畏敬の念で息をこらし、その間もクララのふるまいは、その場の奇蹟的な感覚を増大させた。

「あゝ、よく見てごらん！」と彼女は私がやっと聞きとれるぐらいの声でささやいた。彼女はかまきりの傍にひざをつくと、キリスト教徒の祈りのように両手を前で合わせてそれに頭を下げた。クララはそれに私には聞きとれず、覚えてもいられないある名で呼びかけて、口の間から押し出すような声でたずねた。「どうか、海はどれほど低いのでしょうか？」驚いたことにかまきりは、頭をめぐらせてまっすぐ前方を見つめ、前にだらりと垂らしていた二本の前肢が突然動いて、下方の大地を指し示した。

「どうか、海はどれほど高いのでしょうか？」とクララはたずねた。

かまきりは頭をもたげ、上を見上げてその長い前肢で雲一つない青空を指し示した。

（L・ヴァン・デル・ポスト『狩猟民の心』秋山さと子訳、思索社、一九八七）

カマキリはそれ自体、前肢を垂らして、祈りながら瞑想しているような姿に見えることがよくあります。ヴァン・デル・ポストの描写にもあるように、頭部をくるりと回転させることができるのも、多くの昆虫のなかでカマキリ類だけの特徴です。ブッシュマンは「祈るカマキリ」にむけて、いまだ見たことのない海という壮大な存在の高さ、その低さを、人間の未来を占うような気持ちで、訊ねているのです。カマキリがその秘密を知っていると信じるかのように……。そんな、謎めいた神秘性を持った昆虫に、ヴァン・デル・ポストも、得田先生も、なんとも不思議な魅力を感じていたのでしょうね。それは人格を持った生き物にも見えながら、やはりどこか超越的で、神のように瞑想的なのです。先生はある絵本のあとがきで、こう印象的に書かれていました。

カマキリを観察していると、「天を仰いだり」、「ふり返ったり」、「うなだれたり」、「横目をつかったり」、「考えこんだり」、まるで「意識」ある「表情」のように見えてきます。そして、観ているこちらもつい「同情してみたり」、「いとしく思ったり」、「相手の心中をさっしてみたり」、「照れたり」、「怒ったり」している自分を発見して、苦笑してしまいます。（……）あまりにも姿や生き方のちがう昆虫の中で、カマキリは、例外的に人間と昆虫という垣根をとりはずし、同じ生物同士としての「共感」を覚えさせる貴重な昆虫だと思います。

（得田之久「あとがき」『かまきりのキリコ』童心社、一九八四）

そうなのです。ミクロの野生世界に身をひたし、すべての根源にある生命宇宙そのものの流れに浸透するかのようなカマキリの姿は、どこか神秘的でありつつ、不思議な親しさにみちています。ぼくもその宇宙に入り込み、一緒になって葉っぱの上に溜まった水滴を永遠に飲んでいたいと思わせる何かがあるのです。長い葉に寄り添って、草叢そのものに擬態《ぎたい》しているオオカマキリ。蘭の花そのものに化身《けしん》して獲物を待つハナカマキリ。擬《もどき》の天才とは、自然にただ擬態するだけでなく、道化のような挑発性をもって、ぼくたちが「異なっている」と思っている無数の他者同士を、不思議な回路をつたって結び合わせることのできる批評家であり、哲学者でもあるのでしょう。この昆虫界のもっとも勇ましい「モドキ」の姿が、神々しくもあり、またときに滑稽であるのも、カマキリが挑発者であることの真の証にちがいありません。

得田先生。むかし先生に、なぜオオカマキリばかり描くの、ときいたことがありましたね。先生は微笑を浮かべてすまし顔になって、「そうだな、オレももう五〇近いから、そろそろハラビロカマキリに転向するかな」と言いましたっけ（ハラビロカマキリはその名の通り腹部の少し太いカマキリ）。一瞬の間があって、二人で大爆笑。先生はいまも若いときのままスマートですが、駄洒落だけはどんどんオヤジ化しているような気もします。

いまもオオカマキリは、きっと草叢でじっとこちらを見ています。敬虔な表情ですべての生命の幸を祈りながら、人間たちにむかって悪戯っぽいウィンクをしているかもしれません。ぼくもあの超然としたモドキの境地に、少しは近づけたでしょうか？　先生、また夜が明けるまでカマキリの話をしましょう。

聖タマオシコガネの無心

北杜夫先生へ

少年　先生、このあいだササの葉の上に珍しいトゲトゲがいるのをみつけました！　つかまえて図鑑で調べてみたらタケトゲハムシという小さな葉虫の一種でした。

老先生　そうかそうか、それはでかしたな！　全身トゲだらけの奇妙な葉虫じゃろう。もっとも日本にはトゲのないトゲトゲも四種類おるんじゃ。それらはトゲナシトゲトゲと呼ばれておる。

少年　えっ？　おもしろい呼び名ですね。トゲトゲの仲間なのにトゲがない、という意味ですね。
老先生　そうじゃ。虫の名前、とくに和名はラテン語の学名と違って分類学的な厳密性を求められてはおらん。だから、まずトゲトゲが何種類も見つかりそう名づけてみると、つぎにその仲間でトゲのないやつらが発見される。そこでトゲナシトゲトゲという名が新たに付けられたというわけじゃ。
少年　ナンセンスなところがとてもいいですね。ムシの世界って、いつも例外や矛盾や混沌《こんとん》にみちみちていますものね。
老先生　その通りじゃ。もっとおもしろいことがある。さらにしばらくして、少しトゲが生えておるトゲナシトゲトゲの近似種が見つかった。そこでこれをトゲアリトゲナシトゲトゲと名づけたものがおったんじゃ。馬鹿げているように思えるが、トゲナシトゲトゲの仲間でトゲのあるもの、という意味で、けっしてふざけた命名ではない。
少年　あっはっは。それはケッサクですね！　トゲナシトゲトゲと名づけたら、トゲが生えている仲間もいて、でもそれはもとのトゲトゲとはやはりちがう種類だから、トゲアリトゲナシトゲトゲとなったんですね。トゲはあるのか、ないのか、はっきりしろ、と言われそうですが、名前の頭に来る「トゲアリ」がそのムシの形態的特徴を示していて、その下の「トゲナシトゲトゲ」という部分はトゲハムシ亜科のなかの一グループを示す記号のようにとらえていいんですね。

老先生　あいかわらずおまえは聡明じゃな。そうじゃ。ムシの名を、いつまでも具体的な「意味」として理解していては、命名の分類学のおもしろさはわからん。「トゲアリ」とか「トゲナシ」とかいった言葉は、上位の種名の「下位分類」をつくるための標識のようなものなのじゃ。ムシの世界では「モドキ」とか「ニセ」とかいった接尾語や接頭語も、そうした下位分類をつくる時によく使われてきた。

少年　なるほど！　では先生、もしぼくがトゲアリトゲアリトゲナシトゲトゲにそっくりの虫で、でもほんの少しだけトゲの位置や色などがちがっているヤツを発見したら、トゲアリトゲアリトゲナシトゲトゲモドキと名づけてもいいんですね（笑）？

老先生　ほお、そこまではわしの想像も及ばんかった。その通りじゃ。おまえが言うように、そう名づけてもよいことになる。とても正確な命名じゃ。それならさ

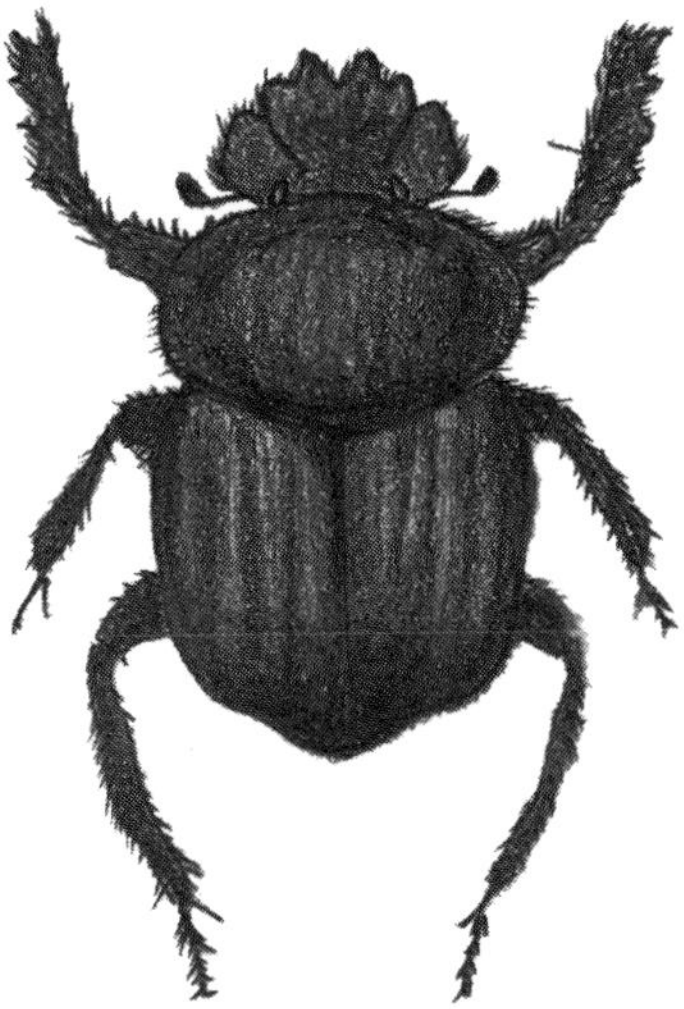

Scarabaeus typhon
ティフオンタマオシコガネ

らに、葉虫ではなく別の科の小さな虫で、すっかりトゲアリトゲナシトゲトゲモドキに擬態しておるヤツがもし見つかったら、そいつの名は……

少年　ニセトゲアリトゲナシトゲトゲモドキ、ですね！

老先生　いやー、おまえの理解の早さには脱帽じゃよ。わが輩の昆虫命名分類学講座、おまえは今日で免許皆伝じゃ！

少年　まことにありがとうございます！

北杜夫先生、いやどくとるマンボウ先生、といったほうがぼくには親しみがある呼び名になりますが、先生の書く飄逸でユーモラスな昆虫談義を真似て、こんなばかばかしいコントをつくってみました。虫好きの少年と昆虫学者らしき老先生の会話仕立てになっています。手紙の始まりにこんな漫談めいた文章を置いたのは、ぼくが小さいときからの読書体験のなかで先生の著作からうけとめた、なんともいえない遊び心、おかしみ、ばかばかしさのなかの真実の一滴、昆虫の世界への無私ののめり込み……、そんな、虫を語るときの、純粋で無目的的で脱力した自由の心地よさを、先生にむけて再現してみたかったからです。

先生がぼくに分け与えてくれた貴重な教え。それをひとことで言えば、なんの役にも立たない好奇心の素晴らしさ、でしょうか。人のためになどならない、偉くもない、科学に貢献する必要などさらさらない、ただ好奇心だけをたよりに虫を追い、虫を採り、虫を集め、虫に陶酔する。虫が好きになることでサトリをひらくわけでもなく、蘊蓄《うんちく》を傾けて人に語るべきことなどなにもない。自分が没頭している相手は、他人から見ればただの「虫ケラ」で、そんなどうでもいいものに執着するからこそ何の責任も心の負担もないまっさらな自由を手にすることができる。それは執着のようでいて、じつは独占的な執着から解き放たれるための行為なのだという真実を、ぼくは学んだのでしょう。

虫を追いかけることの、その徹底的な「無用」さから、純粋な「無心《むしん》」が生まれることをぼくは先生の本から感じとり、その晴れやかな自由を守り抜こうとしました。それは、「有用」さを尊ぶことで思慮やわきまえを身につける世俗的「有心《うしん》」への抵抗だったのかもしれません。虫と接し、虫について考えることは「人間についてのある展望」をあたえてくれる、と先生は『どくとるマンボウ昆虫記』で書かれていましたね。この場合の「人間」とは、生物学における「ヒト」の意味でしょう。たしかに人類の種類は過去にもほんの数種しかなく、いま生きてほざいているのはたった一種。それにたいして昆虫は世界に一〇〇万種以上がいるわけで、それはほんとうに圧倒的な多様性世界です。昆虫世界を知った後におとずれる「人間についてのある展望」とは、そのような圧倒的な事実にもとづく、ヒト属ヒトという一属一種の存在としての孤独と謙虚さからはじまるような認識です。無数のトゲナシトゲトゲやトゲアリトゲナシトゲトゲたちの豊穣な共棲世界の片隅で、ああでもないこうでもないといってそれらに無理やり名前をつけようと悩んでいる、ばかばかしくも生真面目で、好奇心だけは旺盛な、奇妙な生き物としての人間《ホモ・サピエンス》です。

「トンボがいたら、子供たちよ、追いかけろ。それが子供であり、残された最後の本能というものだ」。この『どくとるマンボウ昆虫記』の鮮烈な一文は、ぼくの少年時代の記憶に永遠に刻まれています。この「本能」こそ、人間が他の生物世界に近づくための好奇心の別名にほかなりません。そして先生の闊達な好奇心は虫の世界をさらに超えて、自身の身体や内面にまでおよびましたね。若い悩める時代のシンケイスイジャクや、壮年になってのソウウツビョウを堂々と宣言し、これを相対化し、じっと観察し、茶化し、それと戯れるなかからうまれた先生の思索と文章のなかに、ぼくは無心という名の好奇心のさまざまな変異形をたしかめて、落ち込んだときにも心励まされていたものです。

マンボウ先生の本のおもしろさをひっそりと共有していたぼくの少年時代の「読書仲間」の話をしましょう。その思いがけない同好の士が、山梨の田舎の祖母でした。ぼくの初期の昆虫学の実践は、もっぱら自宅附近の草叢《くさむら》と、祖父母の住む南アルプス山麓の扇状地にひろがる野原と林で行われたのですが、夏休み、捕虫網を持って勇んで田舎の家に出かけると、祖母は待っていたとばかりにマンボウ先生の新しい本をとりだしてはぼくに見せるのでした。『どくとるマンボウ航海記』、『どくとるマンボウ昆虫記』、そして先生の最初の児童向け小説である『船乗りクプクプの冒険』。心優しく控え目だった祖母は、マンボウ先生の私心のない透明な好奇心とユーモアに惹かれていたようです。『船乗りクプクプの冒険』はとくにお気に入りで、ぼくと祖母はこの奇想天外な冒険譚のおもしろさ、ばかばかしさを、納戸の布団にもたれかかってこっそり語りあったりしました。祖母は「クプクプ」をいつも「プクプク」と言い間違えていましたが、これは先生が読者にしかけた悪戯ですね。主人公の名前にしてはなんとも発音しにくい名です。でもこんな悪戯にも虫好きへのメッセージが隠れていて、じつは「クプクプ」とはマレー語で「蝶」の意味でした。法螺《ほら》話のなかに、さまざまな伏線や地口《じぐち》を秘め隠す先生の裏技に気づいたのは、ずっと後になってからのことですが。

　マンボウ先生好きで、ぼくの虫採りも応援してくれていた祖母は、ときどきびっくりするような「標本」をぼくのためにつくってくれました。ある夏、田舎の家を訪ねてゆくと、祖母が真っ先に小さな箱をぼくの前に差し出して微笑みながら「開けてごらん」と言うのです。ドキドキしながら中を見ると、鮮やかな黄色をしたキアゲハのオスが固まって死んでいました。孫のために麦藁帽子で捕まえて、箱に入れてとっておいてくれたのだ、とわかり、祖母の素朴な優しさに感激しましたが、キアゲハの姿はちょっと残酷でした。箱の中でもがき、暴れたのでしょう。足が一本とれ、翅は傷つき、頭部は苦痛で歪んでいるように見えました。でも、この少し残酷でもあるリアルな蝶の姿が、ぼくのことを思う祖母の心のささやかな賜物であるとわかったとき、乱れた蝶の姿は不思議な均衡をもった美しい標本へと変貌していくのでした。ぼくはこの小箱を大事に受け取り、ささやかな宝物のようにして標本箱には入れず、ぼくを遠くで見つめる祖母の真心が生んだ翅ある恩寵《おんちょう》の証拠品として、ときどき届く手紙とともにそっと自宅の本棚の奥にしまいこんだのでした。

筆者がかつて採集した希少種オオチャイロハナムグリの標本。独特の強い芳香がある。北杜夫『マンボウ思い出の昆虫記』には、中学時代に本種をはじめコガネムシ類の収集に熱中していたことが書かれている

祖母はこんなふうにしてぼくの無垢の「昆虫学」を優しく応援してくれましたが、マンボウ先生、先生にはそんな身近な支持者、理解者はいなかったようですね。先生の自伝的文章には、ファ

ーブルのような道に進もうと松本高校に入学して昆虫採集に熱中し、大学では動物学を専攻したいと父親に嘆願しては激しく拒否された思い出がしばしばでてきます。医者であり、高名な歌人でもあった頑固な父親の厳命に従い医学部に入り、精神医学を専門とする医学博士になったあとも、先生は、このまま医者になることはなにか違うと感じていたようです。先生は自分を「変てこな人間」だと考えていて、一人こっそり文字を書くような仕事のほうがふさわしい、と自認していたのですね。

終戦の年に一八歳。戦争の混乱で矛盾をあらわにする社会で死と隣り合わせの日々を送るという体験は、感受性の強い思春期を生きる者に、人生の意味を厳しく問うにちがいありません。そんなぎりぎりの精神状態のなかで、虫の世界へと向けられていた先生の無心は、まもなく小説の創作へと方向を変え、深度を増していったのでしょう。ぼくがとても好きな先生の作品の一つは、文学を志した先生の処女作といっていい二二歳のときの短編「百蛾譜」（一九五〇）です。治癒しない病気で床に臥す少年が、熱っぽいけだるさのなかで、病に翳《かげ》らされた心持ちとともに、華やかな〈蝶〉ではなく、不気味で底知れない気配を持った〈蛾〉の夢を見る鮮烈な物語。ここに先生の、昆虫から文学へと移行する精神的遍歴の軌跡が鮮やかに刻まれているようにぼくには思えます。

天蛾、毒蛾、枯葉《かれは》蛾、天蚕《てぐす》蛾、尺《しやく》蛾、灯蛾、螟《めい》蛾、すべての蛾が、灯をめぐって円を画いた。目もあやな饗宴《きようえん》である。青い蛾、黄色い蛾、赤い蛾、透明な蛾、――疲れ果てた蛾たちは、白布の上に、不思議な模様を織った翅を休める。すると小さな複眼が燃え立った。紅玉のような、緑玉のような、金色の、銀色の、不気味に美しい複眼が少年をじっと見つめている。――こうして、とめどない酩酊《めいてい》が、めくるめく耽溺《たんでき》が、少年の周囲に、展かれて行った。少年は、戦《おのの》いて、捕われて、金縛りに会ったように凝視した。気を失いそうになりながらも見惚《みと》れつくした。病気が、少年の瞳をひろく大きく奥ぶかく澄ませ、透視の力を与えていた。柔かな心の中を、眩ゆい翅粉が、擦《こす》り、流れ、もさぐり、何処《どこ》までも何処までも沈んで行った。そしてぐったりと喘《あえ》ぎながらも、少年の瞳は一切の奥底を見てとったのである。（……）僕は死んでゆくのだな。此処《ここ》に集ってきた蛾たちと一緒に。

少年は消えてゆく意識の中でわずかにそう考えた。

（北杜夫「百蛾譜」『へそのない本』新潮文庫）

夜《や》蛾の群がおりなす光と色の波につつみこまれ、狂おしいほどの翅ばたきの音を聞きながら、しだいに気が遠くなってゆく「少年」。癒えぬ病気と、戦争下にある社会の不穏な空気とが「死」の予感を少年の心に刻もうとするとき、夢に現われためくるめくばかりに多様な蛾たち。少年と虫とが深い無心の奥底で向き合ったこの構図は、どこかぼくにもかすかな少年期の記憶として体内に残っているような気もするのです。

このような無心、無垢の好奇心の行きつく先を、誰かが遠くで見ている。先生の場合、それが父親だったにちがいありません。先生の父親、歌人斎藤茂吉にも、若いときの、虫にまつわるこんな歌がありましたね。虫を詠みながらも、その背後にある意識の深遠を問うような、壮絶なほど哲学的な抒情をたたえた歌です。第一歌集『赤光』とその次の『あらたま』から抜き出してみましょう（『斎藤茂吉歌集』岩波文庫より）。

蚕《こ》の室《へや》に放ちし蛍あかねさす昼なりしかば首すぢあかし
ふり灑《そそ》ぐあまつひかりに目の見えぬ黒き蚰《いとど》を追ひつめにけり
草づたふ朝の蛍よみじかかるわれのいのちを死なしむなゆめ

先生は、専横な愛情を子供に押しつける、凄まじい癇癪持ちの雷《かみなり》親父として父親を恐れていました。ですが思春期、茂吉の初期歌集を読み、その抒情の深度に打たれ、怒りっぽい父は斎藤茂吉という畏怖《いふ》すべき歌人へと変貌したのでした。先生の短編「百蛾譜」には、その父もこんなふうに登場し、病に臥す子供の行く末に淡い心配の思いを寄せています。

父親は無意識に火鉢を撫でながら、物思いにふけった。この子は近頃何となく変ってきたようだ。いかにも純な、子供っぽい眼。それがどうかすると、はっとするほど遠くを見つめている。いや、奥深く何かを探っている。それに、この昆虫図譜。今枕元に半端開かれて投げ出してあるこの本。この本に対するような沈んだ熱中を、今までこの子が示したことがあったろうか。確かに変ってきた。病気のせいだろうか。病気が、人の心を精神の深みへと連れて行くと言うような作用でも持っているのだろうか。

（北杜夫「百蛾譜」前掲書）

小説のなかのこの父親は、おそらく現実の父茂吉より、はるかに繊細で優しい心持ちを隠し持った存在として描かれているようにも思えます。それが少年だった先生の、深いところでの願望でもあったのでしょうか。でも先生は、父を恐れつつ、父の歌の感化を真っ向から受け、傷つきやすい思春期の心を映す昆虫たちの風景を歌にして詠んでいます。

疲れきて腰をおろせる林中の唐松の樹にえぞはるぜみ鳴く

信濃なるこの高原《たかはら》に大蟻の羽蟻《はあり》は生《あ》れてゐたりけるかも
つつ鳥の声を聞きたり一匹の白き蝶休む伐採地の道
（北杜夫「『寂光』より」『どくとるマンボウ　青春の山』ヤマケイ文庫）

みごとに茂吉調です。先生自身も述懐されているように、稚拙な模倣だといってもいいでしょう。虫の世界に生きることを断念し、父の影さす短歌の世界にそっと足を踏み入れ、自らの生死のはざまにあいた意識の深淵の深さを測りあぐねている一人の青年。けれどその地点から、作家としての先生は生まれ直したのでしょう。しかしその新生には、多くのものを失い、多くの希望を断念した、死と裏腹の生の「寂しさ」「悲しさ」が、深く影を引いていたといえるのでしょう。先生の昆虫談義の無心と見えるものの背後に、この深い断念の傷があったことを、ぼくもあるときから感じていました。ユーモアの底にある、あの百の蛾に囲まれた壮絶な自己滅《めっ》却《きゃく》の衝動に、いまのぼくは畏れをいだきます。
先生の『どくとるマンボウ昆虫記』のなかの「神聖な糞虫」の章に触発されて、

昆虫問答を。

最後に、こんな架空対話を無時間の岸辺から贈ります。真面目で、ちょっと哀しい

少年　先生、南の島へ行ってきました。暗がりや襞《ひだ》がいっぱいあるような不思議な島でした。ハイビスカスの赤い花弁には生まれたばかりの美しいツマベニチョウが群れていて、興奮して網を振りました。島の南部には鬱蒼たる原生林が広がっていて、そこには原始的な耳の短いクロウサギの一種が棲息しています。ぼくはその兎の糞に集まるダイコクコガネの一種を探したんですが……。

老先生　マルダイコクコガネじゃろう？　珍しい糞虫の一種じゃな。ふつうのダイコクコガネより小振りで、とくに後翅の部分が極端に退化しておる。コガネムシでは珍しく飛べない種じゃ。それに比べると角は立派じゃの。一本のきれいに尖った角の付け根にも二本の立派な突起があったじゃろう。そして錆びた鉄のような色あいの、黒く固い前胸部の堂々とした様子はどうじゃ……。

少年　（少し沈んで）先生は、まるでいまそこで見てきたように話されるんですね。

ますます手にとってみたくなりますけど、今回はどうしても発見できませんでした。

老先生　そうかそうか。それでいいんじゃ。強欲は袋も破る、とどこかの諺もいうじゃないか。虫は捕ろうとすればするほど寄って来ん。出あいを待つのじゃ。

少年　（急に明るい表情で）ええ、じつは出あいもあったんです。島特産のヒラタクワガタが向こうからやってきてくれました。後翅に縦線のある固有亜種です。朝、宿の外階段の手すりを何気なく見たら、そこにはりついてぼくにむかってじっと目配せしていました。向こう側の世界からの不思議な呼びかけを感じました。

老先生　ほう、それは幸運じゃったな。

少年　先生、少年時代のファーブルがスカラベの行動を細かく観察したとき、糞玉を後ろ向きに巣まで転がしてゆくこの不思議なタマオシコガネのことをどう考えていたんでしょう？　観察対象ですか、友だちですか、それとも精霊のような存在ですか？

老先生　そうじゃな。スカラベ・サクレ（聖タマオシコガネ）とファーブルが呼んでおったように、少年ファーブルはそれがエジプトで神聖な甲虫として崇められておることを知っていたはずじゃ。ナイル河が毎年氾濫し、その水が引くとかならずこのスカラベが真っ先に発生する。だからエジプト人はこの甲虫を世界の再生に結びつけたのじゃな。さらに日の出から日没まで丸い糞玉をひたすら転がす姿は、太陽の回転運動そのものの模倣と映ったかもしれん。虫はどこかで、宇宙の道理を体現する、あの世からの使いのようなものだったのじゃ。ファーブルが心を無にしてタマオシコガネを観察しつづけたのは、そんな超越的なものへの畏れによるのかもしれんな。

少年　ぼくはマルダイコクコガネが捕りたかった。でもヒラタクワガタが代わりにやってきてくれた。これもぼくの無心が呼びだした、宇宙の不思議のようなものですか？

老先生　ふむ、そのことがわかるのは、おまえが大人になって、幼い頃の無意識を記憶の襞をたぐるようにして回想したときじゃ。いまはまだわからなくともよい。だがその問い自体は大切じゃ。もう少し大きくなったら、北杜夫という人の『幽霊』という小説を読んでみなさい。そこにおまえの問いの答えではなく、答えへのもっとも真摯《しんし》な模索が書かれておるからな。

クモマベニヒカゲの挽歌

田淵行男先生へ

夏の日本アルプス。谷に残る豊かな雪渓のかたわらには、コバイケイソウ、ハクサンフウロ、クガイソウなど色とりどりの高山植物が咲き乱れ、一面のお花畑を可憐な蝶たちが訪ねてきます。なかには稜線のハイマツのかげで風に耐えながらじっとしている隠者もいます。総じて小さく、つつましい品があり、険峻な高峰を背景にしたそれらの姿は、平地の蝶と比べてどこか格調高く映ります。簡単には出あえないとても希少な蝶たちです。

高山蝶。そう、田淵行男先生が写真と生態観察を介して究《きわ》められたこの「高山蝶」と呼ばれる小世界こそ、少年期から青年期のぼくにとっての二つの神々しい存在、すなわち「山」と「蝶」とを直接むすぶ、魔法のことばでした。先生は「高山蝶をたずねて」（一九五二）という蝶についての最初期の文章のなかで、「山が私を牽引する最も大きなものは、実にこれらの高山蝶そのものの姿であったかも知れません」と書かれていましたね。戦後まもなく、山の崇高さを深く芸術的にとらえた鮮烈な「山岳写真」の数々によって世間に認められた先生でしたが、山へ向かう動機のいちばん底に、高山蝶という存在があったことを告白したこの文章は、多くの山岳写真ファンを驚かせたかもしれません。ヒマラヤ遠征を頂点とする先鋭的アルピニズム興隆の時代、雄壮な山岳と儚《はかな》げに見える蝶とをむすんで思考し行動している人など皆無だったからです。けれどぼくたち昆虫少年にとっては、その本の存在を知ったときからすでに入手困難な「伝説の書」となっていた先生の名著である生態写真集『高山蝶』（朋文堂、一九五九）の著者として、「田淵行男」の名は北アルプス常念岳の夕暮れの稜線に輝く一番星のように、仰ぎ見る孤高の存在として意識されていたのでした。

田淵行男の生態写真集『高山蝶』（朋文堂、1959）の書影。蝶はタカネヒカゲ

一九六五年、串田孫一編集の山の雑誌『アルプ』に、先生は「山路蝶信一束」という一文を寄稿されました。そこで先生は、高山蝶が平地の蝶と決定的な違いがあるわけではないのだが、としつつも、高山に定着している以上、それらの蝶の生きざまはすべてぎりぎりの限界まで環境に適応した生活として研ぎ澄まされていて、そのことが、厳格な自然を敬愛する山好きの者にとって心から共鳴を覚え、畏敬の念を抱く理由にちがいない、と書かれていました。ぼくもまったく同感です。氷河時代にシベリアから日本に渡来した、寒冷地帯に棲息する蝶の何種類かが、氷河期が終わって列島が温暖になるにしたがって寒い高山帯へと後退し、中部山岳のごく狭い一帯に閉じこめられたまま生き存えているのが日本の高山蝶です。それらは、岩と雪とわずかな緑だけの、これ以上

ないほど厳しい環境のなかですべての逸楽をそぎ落とし、神経を鋭敏にして暮らしている。先生が、森林限界に迫る二四六〇メートルの常念乗越《じょうねんのつこし》の岩陰で、目立たぬ褐色の幼虫を誰よりも最初に「発見」して歓喜の「ユーレカ!」の声をあげたタカネヒカゲなどは、卵から成虫までになんと三年を寒風吹きすさぶ稜線で過ごす、痩《そう》身《しん》の仙人のような威厳を感じさせる蝶でした。

先生によれば、中部山岳地帯に棲息する高山蝶は次の九種です。二五〇〇メートル前後の尾根筋にいるタカネヒカゲ、ミヤマモンキチョウ。二〇〇〇メートル前後の草地やお花畑に棲むベニヒカゲ、クモマベニヒカゲ、タカネキマダラセセリ。そして一五〇〇から二〇〇〇メートルにかけて棲息するミヤマシロチョウ、クモマツマキチョウ、オオイチモンジ、コヒオドシ。これらの蝶の名を列挙するだけで、山々へ出かけていきたい衝動がウズウズといまも頭をもたげてきます。北岳大樺《おおかんば》沢の可憐なクモマツマキチョウは登山者の行列の陰でどうしているだろうか。食樹のドロノキが何本も伐り倒されてしまった上高地の雄壮なオオイチモンジは健在だろうか、と。

四〇年あまりを北アルプスの麓の安曇野に住むという地の利を得た先生が、誰よりも詳細に観察・飼育しながら解き明かしたように、高山蝶はそれぞれの特異な棲息環境に厳しく適応しながらみずからの固有の生活史をつくりあげてきました。そして高山蝶の場合、とくに幼虫の食草である特定の高山植物との関係が重要です。たとえば北アルプスと浅間山系だけに棲む美麗なミヤマモンキチョウと、その食草であるクロマメノキの密接な関係は典型的かもしれません。先生による蝶の克明な細密画のなかに、ミヤマモンキチョウの卵から成虫までのすべてのステージを描いた見事な絵がありましたね。クロマメノキの葉にひっそり産みつけられた小さな赤い釣鐘状の卵にはじまり、厚手の葉に丸い食痕を残す孵化直後の一齢幼虫から三齢幼虫までの姿（ミヤマモンキチョウは三齢幼虫の状態で越冬します）、冬を越えて翌春にクロマメノキの若葉が生えだすと幼虫はふたたび葉を食して四齢、五齢と脱皮してから蛹となり、七月中旬になると羽化して、あの鮮やかなフリルのようなピンクの縁毛をまとった成虫がハクサンフウロなどの可憐な花々のまわりを飛びまわるのです。この蝶の生態変化のすべてを描き出した先生の美しい細密画は、先生が一つの蝶の「種」としての生の営みの全体像を、どれほど克明に科学的に知ろうとしていたか、そして同時に、その蝶の姿形のなかに表現された尊厳とでもいうべきものをいかに深く愛していたかが思われて感動的です。先生は、この克明な写生行為を「写蝶」と名づけられていましたね。それは「写経」から来る造語で、まさに無念無想の状態となって蝶の翅の紋、翅脈、触覚の形状、尾状突起の繊毛までを丹念に写すことで、リアリズムを超えた一種神秘的ともいえる、蝶への「直覚的な理解」が生まれるのでした。

こうしてぼくも高校時代から、先生の感化を受けて蝶の絵を描きはじめ、ついに先生の絵で知っているだけだったミヤマモンキチョウと実際に出あうために浅間山系の烏帽子岳に登ることを決意しました。梅雨明け直後の夏休み、高校生の一人旅です。とはいえ中学時代から山岳部に入ってかなりハードな登山をこなしていましたので、冒険というほどでもありませんでした。烏帽子岳の稜線に出るとイワカガミ、コケモモ、ハクサンチドリ、コマクサといった色とりどりの高山植物が迎えてくれましたが、ぼくのお目当てはいうまでもなくクロマメノキでした。うっすらとピンク色に染まる白い釣鐘型の花を垂らしたクロマメノキは、登山道の周囲にもたくさん生えていました。そしてその稜線に、ついに先生が名づける「山の娘」ミヤマモンキチョウを発見したときの興奮といったら！　それ以後、クロマメノキはぼくの「魂の高山植物」となりました。クロマメノキは、浅間ブドウなどとも呼ばれ、秋になるとブルーベリーに似た美しい黒青色の小さな実をつけます。この美味しい木の実は、南アルプスではライチョウ（雷鳥）も食べているようで、一つの儚いほど可憐な高山植物が、美しい希少なミヤマモンキチョウと、絶滅の危機にあるライチョウをそれぞれ別の仕方で守りつづけていると知ったとき、自然なるものの精妙な連関に深く心打たれたものでした。

ぼく自身の高山蝶探索の白眉は、二〇歳になった大学時代、南アルプスの北沢峠から仙丈ヶ岳にかけての一帯でベニヒカゲ、クモマベニヒカゲの棲息状況を観察・記録した一夏でした。この年、ぼくは山梨県が自然環境保護の監視とパトロールのために募集した「山岳レインジャー」の一人に選ばれ、北沢峠から山梨県側に少し下った「長衛《ちょうえ》小屋」を拠点にして、甲斐駒ケ岳と仙丈ヶ岳周辺の登山路を毎日のように巡回する日々を過ごしたのです。

レインジャーの仕事は、真面目にいえば、パトロールを通じて登山者にたいする自然保護の啓発を行なうことが公の任務でした。さらに当時問題になっていた、登山者によるゴミの放置にも対処するため、毎日のように山頂で登山者に呼びかけ、それでも溜まってしまうゴミを大きな袋に入れて背負い、峠まで一〇〇〇メートルの標高差を下ろしていました。外目には立派な仕事のようにも見えましたが、ぼくにはともかく好きな山に長期間籠ってアルバイトができれば最高、という不純（？）な動機もあったのです。長衛小屋は当時は古い素朴な木造の小屋。毎晩囲炉裏を囲んで深夜まで安ウィスキーを飲み、酔っ払いながらの小屋主らとの山談義の時間がなによりの楽しみでした。豪放磊落な山男たちとの対話は具体と抽象、現実と夢想のあいだをゆらゆらと流れながら、ついには異形の山岳哲学の啓示へと至るのが常でした。

けれどもやはり、それだけでは「山岳レインジャー」の名が泣きます。そしてここに、田淵先生からの刺戟がはたらくのです。ぼくはこの機会をとらえて、仙丈ヶ岳の藪沢《やぶさわ》一帯の高山蝶の蝶相（特定地域の蝶の棲息・分布状況や出現時期などの総合的な様相）を自分なりに一夏に亘って調べてみようと考えたのでした。藪沢は、とりわけベニヒカゲとクモマベニヒカゲという二種の高山蝶の楽園となっていました。これらの二種は近似種で、亜高山帯に分布するクガイソウ、マルバダケブキ、コバイケイソウなどを成虫が訪れる姿を目撃することができます。ぼくは、この二種の高山蝶を中心に藪沢の登山道の周囲を調査範囲として、目撃する蝶の種別、個体数、目撃時刻、目撃場所、気象条件、といった指標を定点観測的に調べてみようとしたのです。いまなら学術的にはトランセクト調査、とでもいうのでしょうが、当時そんな名称も方法論も知りませんでした。まったく我流の、しかし高山蝶に没頭する情熱だけは誰にも負けない、そんな行動だったのです。

とくにぼくのお気に入りは、標高のより高い場所に棲息するクモマベニヒカゲでした。数の多いベニヒカゲとの区別は遠目からはそう簡単ではないのですが、大きな違いは、クモマベニヒカゲのメスの裏面にははっきりと目立つ白帯があり、これ

Erebia ligea
クモマベニヒカゲ♀

が鮮やかで美しい特徴となっていることです。網は持たず、目視だけで蝶の種を同定していかねばならないため、飛んでいるときよりも花にとまっているときの裏面の模様をしっかりと見きわめることが重要でした。そんななか、ぼくはクモマベニヒカゲという高貴な高山蝶のメスの翅裏の美しさに、すっかり魅了されてしまったのです。しかもこの蝶は、翅の外周を縁どっている純白と黒褐色に染め分けられた縁毛がなんとも優美でした。この特徴のため、お花畑で混ざって飛んでいるベニヒカゲとクモマベニヒカゲを区別することが上手にできるようになりました。このあたりのことも、先生の克明な「写蝶」の絵に学んだ部分が大きかったのです。

ベニヒカゲやクモマベニヒカゲの乱舞という恩寵に恵まれた一夏は、ぼくの高山蝶体験の頂点をかたちづくっています。この観察と記録の詳細は、最終的には手書きのレポートにして山梨県の自然保護課に提出しました。かなりの厚さのレポートになっていたような気がします。求めてもいない特別の「報告」が出されて担当者は驚くとともに、とても喜んでくれました。県が始めて間もないレインジャーのプロジェクトから、植物ではなく昆虫、それも高山蝶の分布と棲息数にかかわる現状報告がなされるのも初めてのようでした。ぼくとしては先生の示唆に感謝するだけです。先生の長年の膨大な研究と観察の蓄積には比ぶべくもありませんが、ようやくぼくも「高山蝶」について語る第一歩を踏み出せたのかもしれない、という小さな誇りと喜びもありました。

それから三〇年以上たって、中学生になった息子とともにぼくは久しぶりに仙丈ヶ岳に登りました。驚いたことに、あれほど容易にベニヒカゲとクモマベニヒカゲに遭遇できたはずの藪沢で、観察できた個体はごくわずかでした。お花畑に飛び交うわずかなクモマベニヒカゲの姿は昔と比べてとても儚く感じられました。あちこちに鹿よけのネットや柵が張り巡らされていましたが、これは高山植物を鹿による食害から守るために張られた防護ネットなのです。近年のニホンジカの数の増大は各地で問題となっていますが、これもまた、山村の過疎化による狩猟者の減少や、薪炭林の伐採と耕作放棄による草地が鹿の好ましい環境となったこと、さらに地球温暖化による鹿の棲息域の高山への拡大といった複合的な、しかしどれも自然環境を改変する人間的要因が関っています。鹿は高山蝶が訪れる色とりどりの高山植物を食べるだけでなく、クモマベニヒカゲの食草でもあるイネ科の多年草イワノガリヤスやヒメノガリヤスの葉をも食べており、こうした生態系の破壊がクモマベニヒカゲの生息にとって危機的な状況にあることは明らかに思えます。

クモマベニヒカゲの恩寵から四〇年あまり経って、いまぼくはこんなふうに思うのです。あのとき、藪沢の雪渓のかたわらを乱舞していた高貴なクモマベニヒカゲたちは、あるいは近未来に訪れる「種の消滅」の前触れをどこかで感知し、別れの歌を歌っていたのではなかったのか、と。氷河期の生き残りたちがもつ長大な時間感覚に照らせば、彼らが別離の歌を歌いはじめるのに「早すぎる」ということはないのかもしれません。そんな、未来の風景からいつか消えてゆくかもしれない者たちが「いま」の瞬間を謳歌する騒がしいざわめきを、ぼくは豊かな自然の贈り物であると勘違いし、彼ら彼女らのほんとうの声を聞こうとしていなかったのではないか？　イワノガリヤスの葉叢を吹き抜ける涼しい風の傍らに座って、いまぼくはそんなことをふと考えてみるのです。そして先生こそ、高山蝶たちのそのような別れの歌を、誰よりも早く聞きとっていた人ではなかったか、と。

いま、かぎりない懐かしさとともに、先生の晩年の著作『安曇野挽歌』（一九八二）のページを繰っています。「田淵行男写真文集」と副題にありますが、ぼくには、ここに収録された風景写真、生態写真、科学性と詩情を両立させた文章、そして蝶や甲虫類の几帳面な細密画、さらには風景のデッサンや、幼虫の食痕を示す葉のシルエット図に至るまで、すべてが先生が深い意味での「ナチュラリスト」として安曇野というミクロコスモスのなかで生き、思考し、歩いた軌跡を凝縮して示す最後の記録となっているように思われるのです。そんな先生の自然と虫に捧げられた一生を封じ込めたような本に「挽歌」というタイトルがつけられていることをあらためて意識したとき、ぼくは若かった自分のこの本への向きあい方が不充分であったことを、いまはっきりと悟るのです。『安曇野挽歌』は単に郷愁をそそるロマンティックなタイトルではなかった、それは先生の悲嘆がまっすぐに投影されたぎりぎりの表現だったのだ、そうぼくの内心がいまささやきます。しかもそれは、自然界と人間のあいだに成立していた秩序と柔かな結びつきの過去を、写真と絵とことばで繋ぎ止めようとする激烈な意思とともにおこなわれた、静かな闘いでもあったのだ、と。

一九四五年七月、長野県南安曇郡の牧村（現在の安曇野市穂高牧）に四〇歳だった先生が移られてから四〇年近くのあいだにおこった戦後社会の激烈な変容と自然への開発圧は、楽園であった安曇野の豊かな風景を根本的に変えました。『安曇野挽歌』の「自序」にあるつぎの一文は、そうした事実をふまえた先生の深い悲嘆を示しています。

私は必死に回想と追憶を手がかりに、安曇野の昔を探して歩く。そしてやっと、とある小さな用水路沿いで見つけたフキノトウとミミナグサやオオイヌノフグリの花を家苞《いえづと》に摘んで、どうにか早春の安曇野らしい思いが胸の片隅にひろがってくるのを覚える。安曇野からレンゲ田が消え、そのあとを追うようにヒバリの声がきかれなくなったのはいつの頃からであったであろうか、回想の中にも定かでない。久しぶりの安曇野に立てば、自然への挽歌だけがいたずらに私の心の中でたかまり、ひろがっていくのをきく。

（『安曇野挽歌』朝日新聞社、一九八二。原文改行省略）

ここからは、豊穣な自然環境を世界が喪失してゆく悲哀、そして植物や昆虫や鳥の「種」としての生存が危機にさらされていることへの静かな怒りが読みとれます。そして先生の逝去から三〇年以上が経ったいま、客観的に見ても、日本における高山蝶こそ、もっとも絶滅の危機に晒《さら》されている野生生物の一つなのです。試みに、絶滅の恐れのある野生生物をリストアップした『山梨県レッドデータブック』（二〇一八年改訂）の蝶の項目を見てみましょう。するとそこには、すでに県内では絶滅した三種としてウラナミジャノメ、ヒョウモンモドキ、オオウラギンヒョウモンがあげられ、つぎに「絶滅危惧ＩＡ類」（ごく近い将来に野生での絶滅の危険性がきわめて高いもの）としてタカネキマダラセセリ、ギフチョウなど七種、さらに「絶滅危惧ＩＢ類」（近い将来に野生での絶滅の危険性が高いもの）としてミヤマシロチョウ、クモマベニヒカゲなど一三種が記載されているのです。さらにこのレッドデータによれば、八ケ岳・南アルプスのクモマツマキチョウもオオイチモンジもコヒオドシも、近年の目撃記録がきわめて少なく、危機的な状況にあることが記されています。

この絶滅危惧種のリストに六種の高山蝶が含まれていることは偶然ではないでしょう。ぎりぎりの地点で環境と共生していた高山の無欲の仙人や娘たちこそ、人間の物質主義的な欲望によって破壊された生態系のアンバランスの、もっとも早い犠牲者となるにちがいないからです。先生は、上高地のミヤマシロチョウが激減していることに早くから警鐘を鳴らしていましたね。その理由は、食草のヒロハノヘビノボラズが豊富に生育していた小梨平が、上高地のテント地として指定されたことに起因します。なぜならミヤマシロチョウのメスは七、八月の産卵期に特殊な産卵習性をもち、百個以上の卵塊を三〇分前後にわたって産みつづけることが知られていて、テント地の喧騒のなかで落ち着いて産卵を終えることがいかに困難であるかは、誰にでも想像がつくことだからです。こうして蝶が減ると、ヒロハノヘビノボラズを食い荒らすハバチが異常発生し、これがさらに棲息環境を悪化させる。自然生態系の破壊と言われているもののほとんどが、人為的なきっかけによるものであることはここでも明白です。ぼくもまた、はじめて出あって興奮した甲州櫛形山の山頂近くのヒロハノヘビノボラズに群生していたミヤマシロチョウの幼虫の鮮烈な姿を思い出します。いまごろ彼ら、彼女らはどうしているのでしょう?

登山者たちも、いつからか、山という過酷な条件のもとでの生命の尊厳がいかに貴重なものであるかという事実を忘れていきました。山頂や稜線に、登山者たちが登頂の記念の思いと、濃霧の際の道標をかねて積み上げてきたケルン。青年時代のぼくにとっても、ケルンは山に登頂した晴れがましさと爽快な気分を象徴するものとして、そして霧の山道での心強い助けとして、つつましい誇らしさと感謝の傍らにありました。けれども、先生は晩年、岩屑を積み上げて稜線の地肌を露出させるケルンという習慣が度を過ぎ、登頂を記念する落書きに近い遊びとなり、山頂附近におびただしいケルンの乱立が見られる風景に警鐘を鳴らしましたね。先生の「ケルン禍」という文章を読んだぼくは、はっと自分の内面を糾《ただ》される気分でした。ケルン禍によって剝ぎ取られる岩屑の下で二冬を過ごすタカネヒカゲの幼虫や蛹が、登山者によって無惨にも踏みつぶされた写真まで掲げて、先生は静かなる憤怒とともに、ぼくたちの未来に大いなる問いをつきつけていたのです。

ケルンの語源はスコットランドのゲール語の「カーン」*carn* だといわれています。はじめは死者の埋葬場所の目印として積まれていたものが、やがて旅人にルートを教える道標となっていったようです。ケルンが死者のためにではなく、これからやって来る生者のためにあらたに積まれるようになったこと……。ここにケルンの真の再生があるのではないでしょうか。その真実をぼくたちが裏切ることはできません。田淵先生、ぼくは思うのです。石積みのケルンが人間の自意識を満たすだけのモニュメントであるかぎり、人間は自己を超えることができない、と。けれどもケルンが未来へと続くものたちへの心の道標となったとき、そこに埋められていた過去は、未来の生命の側へと反転するのです。

高山の蝶たちはケルンの乱立をどのように見ているのでしょう？　死に瀕した自然は蘇るのでしょうか？　虫たちの挽歌は誰に向けられたものなのでしょう？　先

生の著書とともにぼくたちが考えてゆくべきテーマは、重く、だからこそ魅惑的です。

ギフチョウの沈黙

名和靖先生へ

名和靖先生。

先生がこの早春の妖精《ニンフ》を発見し「ギフチョウ」と名づけられてから一三八年が経ちました。それまで学問的には存在を確認されていなかったこの優美な蝶を、先生が岐阜県祖師野村（現・下呂市金山町祖師野）の山中で採集し、それが日本の固有種であると認定され、発見から六年後に正式に〈ルードルフィア・ヤポニカ〉*Luehdorfia japonica* と命名された歴史のはじまりに、二五歳だった先生の虫への情熱と没頭があったわけです。いまもこの蝶を愛でるぼくたちの心のどこかに、先生とギフチョウとが奥山の叢林ではじめて出あった瞬間の心の美しく慎ましい揺れが受け継がれていると想像することは、人間が昆虫と謙虚に向き合う原点を忘れないための大切な手続きであるように、ぼくには思われます。

先生は一八八三年のあのとき、岐阜県農学校を卒業し母校の助手をされていました。岐阜の農村に生まれ、虫好きだった先生が、農業について学ぶ道に自然に導かれ、とりわけ農作物の収穫にとってたえず問題となる害虫の研究を志したことは時代の必然でもあったでしょう。けれど先生の昆虫への探究心は、かならずしも実用的な意味での「害虫防除」だけを指向するものではもともと無かったのでしょう。農作物や人間の生活に害をおよぼす昆虫、という「害虫」の定義自体が人間の都合によるものであることをよく理解していた先生の学びは、なによりもまず「虫をよく知ること」に向けられました。害虫を知ることと益虫を知ることは表裏一体であり、結果としてそれは人間の視点から自然を意味づける一つの軸に過ぎない。より高い次元において、昆虫は種同士が相互に関連しあう自律した世界を形作っている。人間もその一部に過ぎず、昆虫の生息環境を勝手に利用・破壊することは許されない。こうした思想が、後年の先生の研究拠点「名和昆虫研究所」の設立へと繋《つな》がっていくのでしょう。ぼくも、岐阜市の長良川河畔、金華山山麓にある研究所に併設された「名和昆虫博物館」の由緒ある建物をこれまで何度も訪ねましたが、そこには先生の遺志を継いだ名和家代々の虫好き先生たちの、素朴で純粋な昆虫研究と普及への情熱が静かな空気とともに流れていて、いつも昆虫学の初心に還る気がします。

そんな若き情熱を秘めた先生によって、ギフチョウは偶然発見されました。先生の生涯でも忘れることのできない恩寵の瞬間でしょうが、この蝶にとっても、ほかでもない名和先生によって見出されたことは、その後の幸福の端緒となったようにも感じられます。発見後、この優美で希少な蝶は、好事家による扇情的な注目の的になったというよりは、先生のような地道な研究者や愛好家による慎ましくも粘りづよい探求心の蓄積によって守られ、食草や幼虫・蛹を巡る生態の謎も詳細に解明され、まさにこの蝶の穏やかな品格にふさわしい研究の歴史と愛情とが注がれてきたのですから。そうした民間研究史の充実を代表する田淵行男の名著『ギフチョ

Luehdorfia japonica
ギフチョウ

ウ・ヒメギフチョウ』（講談社、一九七四）でも、ギフチョウの研究を志す者が「ギフチョウの原点であり、発祥の地である祖師野を見ずして何のギフチョウ談義」であるか、と書かれています。名和先生とギフチョウが始めて遭遇した祖師野への訪問は「ぜひとも果たさねばならぬ重大な責務であり、欠いてはならぬ儀礼のようにさえ感じられてきた」（同書）というのです。

ぼくもずっとそう感じていました。ギフチョウの原点、ギフチョウ探究のための必須の通過儀礼。ぼく自身の山深い祖師野行きの旅はまだ実現していませんが、名和昆虫研究所の二代目の後継者（娘婿）となる、当時の先生の助手だった一四歳の梅吉少年が一八八七年にひとりで山に入って、日本ではじめて「発見」することになったギフチョウの卵と食草ウスバサイシンの自生する土地に憧れて、岐阜の谷汲《たにぐみ》の山中は何度も訪ねました。百年を超えるギフチョウと人間の関係の歴史から、数百万年とも考えられるこの列島でのギフチョウの悠久の生命史を透かし見るような幻影。そんな幻のような風景を、散り際に淡い薄墨色となる桜花がチラチラと春山を彩る谷汲山中の野道を歩きながらぼくはいつも脳裏に明滅させていたものです。

ギフチョウは、より寒冷地に棲む近似種のヒメギフチョウ *Luehdorfia puziloi* とともに、この列島に棲息する二五〇種あまりの蝶のなかでも、とりわけ繊細で気品ある愛らしさをそなえた特別の蝶です。なによりギフチョウの成虫の発生の時期がなんとも刹那的で美しく、繊細ではかなげなのです。本州の標高の比較的低い山野のちょうど春先、樹林の枯葉のなかからもっとも早い草々の緑葉が頭をもたげ、そこに小さく可憐な花を咲かせる四月初めのうららかな晴天の日に、それは出現します。「スプリング・エフェメラル」(春の短命のもの)とも呼ばれているように、その姿は繊細ではかなく、羽化した成虫が樹林の下を飛び交う姿を見られるのは一週間程度のわずかな期間のみです。その間に交尾を終えたメスはすぐに卵を産み、幼虫で一ヶ月ほどを過ごした五月下旬にはもう蛹となって下草や木の葉の陰に潜み、翌年春の羽化まで誰にも知られずに蛹のまま夏、秋、冬を越えて時を過ごすのです。成虫としてはとても短命(エフェメラル)な出現ですが、そのはかない気配は蝶の飛び方や動きにも感じられます。

むかし、先生の生地からもほど近い岐阜市の北郊の里山を四月初めにはじめて訪ねたときです。カタクリやショウジョウバカマの薄桃色の可憐な花弁にとまる生まれたばかりの一匹のギフチョウを発見して有頂天になりましたが、そのときの蝶のはかなげな様子がとりわけ印象的でした。陽が少しでも陰ると、妖精はどこかに消え去り、けっして姿をあらわさないのです。そしてふたたび雲間から林に陽が差し込むと、それは決まってどこからかふわりふわりとやってきて、こんどはぼくの目の前のスミレ花にとまって吸水するのです。自己主張、というような態度からもっとも遠い、ほんとうに慎ましく脆くもある存在感にぼくは打たれ、網を振ることも忘れて静かに見入っていたものです。あたりの木々はひたすら静かにギフチョウの沈黙と声を合わせていました。風の音だけがかすかに聞こえていました。

Luehdorfia（ギフチョウ属）は形態、生態のあらゆる点から見てアゲハチョウ科のなかで進化系統的にもっとも古い属であると考えられています。ギフチョウが日本にやってきたと思われる新生代新第三紀、数百万年前の列島のありさまを想像するのはむずかしいことですが、この時代は地質学的に大きな変動期で、水陸の配置

は目まぐるしく変わりました。そんななか、多くの生命は数度の氷河期の洗礼を受けて淘汰されたり住み処を移してかろうじて生き延びたりしたわけですが、ギフチョウはそんな地質学的・気象学的変転をしっかりと生き抜き、数百万年の定住を保ち続けたとても稀な生物種の一つです。ギフチョウがしばしば「氷河期の生き残り」と呼ばれる理由もここにあります。先生の最初の発見から一世紀以上が経ち、東アジアに分布する近似種（亜種）も入れて六つの種しかないとされるルードルフィア属の蝶の系統史も、かなり克明に解明されて来たのです。天国の先生にとってもとても喜ばしいことではないでしょうか。

ぼく自身のスプリング・エフェメラル採集のはじまりは昭和四〇年代のはじめ、中学生のころにさかのぼります。ちょうど先生の助手梅吉少年による卵発見と同じぐらいの年ごろのとき、はじめて早春の富士川沿いの山野を、羽化直後のギフチョウをもっぱらの目的にして彷徨したのです。誰の助言もなく、もちろん棲息地を示す詳しい情報もほとんどない時代です。ただ、富士川沿いのギフチョウは黒帯がくっきりと太く、ひときわ美しい、という噂を聞いて、いても立ってもいられなくなったのだと思います。ぼくは一人で家を出て、東海道本線の富士駅から身延線の鈍行列車に乗り込みました。文字通りゆっくり進む列車の木枠の窓を大きく開けて陽春の風をたっぷり顔に受け、富士川沿いの山裾の桜やタンポポの開花の様子をたしかめながら、ぼくは、これだ、と思った景色があるとその駅で下車し、網を片手に野道を歩き回りました。ギフチョウ出現を期待して、黄色と黒のダンダラ模様の閃きが見えないかと目を凝らしながら、足が棒になるまであちこちを探し回ったのです。けれど、まったく収穫はありませんでした。同じ時期に羽化するはずの、暗めの紫青色の翅が美しいスギタニルリシジミも現われず、ぼくはただ早春の野山の淡い土の香りを胸一杯吸い込んだだけで帰ってきました。

梅吉少年の大発見のようにはいきませんでした。蝶が出現するニオイを直観で嗅ぎつけるような勘が、自分にはないのだろうか、とすこし悲観もしました。でもそんな収穫のない採集行を繰り返しながら、ぼくは虫を捕獲する以上の幸福に知らず知らず気づいていったのかもしれません。それが山野の「気配」というようなものの発見です。その物言わぬ「沈黙」のなかに、たしかに生命の営みがうごめいているというたしかな実感です。だんだんとぼくには、目の前には現われてこない虫たちの沈黙の声までもが聞こえてくるようになりました。そして十回に一回、エフェメラルな春の妖精たちはぼくに至福の瞬間を与えてくれるのです。ぼくの目の前の、薄紫色の小さなスミレサイシンの花に突然その優美な翅を休ませるようにして……。

名和靖『薔薇之壹株昆蟲世界』（1897）巻頭の挿画

名和先生。告白すれば、ぼくを昆虫の細密画へと導いた、隠れた師匠の一人もまた先生でした。青年時代、先生の最初の著作『薔薇之壹株昆蟲世界』（名和昆虫研究所発行、一八九七）を古書で手に入れたとき、その一世紀近くも前の変色した紙の上に描かれた几帳面な昆虫画と詳細な叙述の文字に心打たれました。美しく咲いた赤いバラの花の一株に集まるあらゆる虫たちを一枚の絵にすべて描き込んだ扉画は、まるで一幅の昆虫曼荼羅《まんだら》を見るようでした。しかも、その小冊子の内容はさらに驚くべきものでした。

先生の祖父の名和圭樹《けいじゅ》はバラを愛し、家に薔薇園を造って大切に育てていたそうですね。そして先生がまだ若かった農学校寄宿生時代、十数キロの道を歩いて週末に家に帰ってみると、庭の薔薇園のバラの若い芽や蕾にアブラムシが沢山付いているのに気づきます。美しい花が咲く前に、バラの養分がみんな吸い取られてしまうのを防ごうと、先生は必死にアブラムシを退治しました。ところが指先で潰しても潰してもアブラムシはまるでどこからか湧き出てくるようにちっとも減らないのです。怪訝に思った先生がさらに観察を続けると、驚くべき事実につきあたります。親のミドリアブラムシの腹から、おなじ緑色のほんとうに小さな塊が生まれ、その塊がただちに動き出したのです。なんと、ミドリアブラムシは卵ではなく、子供を成虫として生むことが分かったのです。先生はこの驚きを出発点に、さらにバラに付くアブラムシの生態を事細かに調べました。するとアブラムシをめぐって一株のバラの木に、なんとも沢山の種類の昆虫が棲息し、飛来していることを知ることになるのです。

先生の本の記述を要約してみましょう。ミドリアブラムシはまず、はじめから成虫として生まれる「胎生」の虫でした。その生活はもっぱら、ふくらみはじめたバラの蕾や柔らかい茎にびっしり群生して「師管液」と呼ばれる養分を吸い取ることに費やされます。そしてこのミドリアブラムシと共生するアリがいます。それがクマアリで、クマアリはミドリアブラムシの腹の先の管から出る排泄液(「甘露」)をなめて生活するのです。一方で、クマアリはミドリアブラムシを外敵から守るはたらきをしていて、それによってアブラムシの繁殖が守られてもいるのです。先生はこれを「共同棲息」の関係と呼んでいましたね。

そうした共生者がいる一方で、ミドリアブラムシは外殻が柔らかく、集団で生活しているので、これを捕食する外敵の虫が数多くいることが分かってきます。代表的な天敵はナナホシテントウ、クサカゲロウ、ヒラタアブ、そしてヤドリバチです。

ナナホシテントウはミドリアブラムシの群生の間に卵を産みつけ、孵化した幼虫はミドリアブラムシを捕食します。クサカゲロウはバラに卵塊を産みつけ、そこから孵化した幼虫がやはりミドリアブラムシを餌にして育ちます。ヒラタアブもアブラムシの群生のなかに産みつけられた卵から孵った幼虫がアブラムシを捕食しますが、大人になったヒラタアブの成虫は、今度はアブラムシの分泌物を舐めてきれいにするので、バラが不潔になって衰えることを防ぐことになります。そして最後に、ヤドリバチはなんとミドリアブラムシ自体に針を差し込んでその内部に卵を産み、孵化した幼虫がミドリアブラムシを内側から食べて成長するのです。たった一株のバラの木に、何と多くの虫が関係していることでしょう。こうして、共生関係にある虫と天敵の虫との複雑な相互関係のなかで、バラにつくミドリアブラムシの周囲に一つの「小世界」が存在することを先生はつきとめました。アブラムシという、バラにとっての一つの「害虫」と見なされるものが単独で意味づけられるのではなく、それはさまざまな虫との相互作用のなかで生きており、結局はバラもまた益虫と害虫の微妙な均衡関係のなかで生き、また生かされていることが分かったのです。

ぼくがいちばん感動した先生の文章の一節を引いてみましょう。

アブラムシ、繁殖の度を過ぐる時はその食餌となる所の薔薇は漸次に衰弱して滋養液の涸るるがゆえに（……）美花を開かざるのみならず、全く枯死するの外なかるべし、然る時はミドリアブラムシの生活は薔薇と共にまた望むべからざるに至るなり、これらの釣り合いを得るは全く敵虫の所為にして、互いに程よく繁殖するなり、天地自然の運営ここに至りてまた奇なりというべし。

以上は、薔薇の一株《ひともと》に於て一種のミドリアブラムシの生じたる為に、種々これに関係したる虫類の集り来りて、昆虫の一小世界を組織し、互に盛衰興廃してその平均を保つの有様にして、予は実に面白きことと深く感じたり……

（名和靖『薔薇之壹株昆蟲世界』名和昆虫研究所、一八九七。表記を一部改めた）

『薔薇之一株昆虫世界』。何という見事なタイトルでしょう。先生はここで、いまの自然科学・環境科学でいう「生態系《エコシステム》」あるいは「生命連鎖」の姿がバラの一株に凝縮されて示されていることをたしかに説いていたのです。ファーブルが昆虫記を書いていたのとおなじ時代に、先生は「釣り合い」とか「小世界」とかいったことばによって、自然界の精密な相互連関的システムの存在をここでいちはやく示していたのです。あの一幅の曼荼羅は、そうした思想の絵画的表現にほかなりませんでした。いつかこんな創造的な絵が描ければ……。それがぼくの夢となりました。

先生の生涯は、しばしば害虫防除の仕事に捧げた一生として語られることがあります。表面的には、そうした側面を否定することはできないでしょう。けれども、先生の、ギフチョウとの交わりとこの蝶への飽くなき探究心、そしてバラの一株に宿る小世界の慎ましい発見とその世界のあるがままの肯定からは、化学薬品を使った見境なき「害虫駆除」の思想などとはまったく異なったヴィジョンが見えてくることもたしかです。農民もまた、自然界に命をあずける自然の共生者の一人であることを、先生は誰よりも早く直観されていました。「薔薇之一株昆虫世界」と呼ばれるミクロコスモスのなかには、虫たちだけでなく、薔薇を育て、それを愛でようとする人間の心も組み込まれているべきだ、と先生は信じようとしていたのではないでしょうか?

ギフチョウにとっての小世界といえば、落葉広葉樹林の下草として慎ましく生育するウスバサイシンやカンアオイ、あのハート型の少し肉厚の葉の裏面である、といってもいいでしょう。ほんとうに愛らしく、ささやかな小世界です。ウスバサイシンやカンアオイの葉裏で生まれたギフチョウの幼虫たちは、すぐに葉のひとところに整列するように集まり、それからは摂食も休息もいつも集団で行なうのです。皆で一緒に葉っぱを食べ、やがて皆でひとところに身体を寄せあって休息する……。ハート型の小世界でのこんな愛らしい集団行動はギフチョウやヒメギフチョウの幼虫の特異な「群居性」として知られ、こうした生態の理由もさまざまに推測されています。しかし、蛹化する直前の終齢となったギフチョウの黒い幼虫は、決然と一人になって単独で地面に下り、誰にも見つからない場所でひっそりと蛹になって翌春まで一〇ヶ月を林間の薄暗がりで過ごすのです。一九七九年時点で、アゲハチョウ科の蝶のもっとも権威ある研究者の一人は「自然状態での蛹化場所は確認されていない」と述べていました。その後わずかな発見は出てきましたが、いまだにほとんどだれも、ギフチョウの蛹を野生状態で発見することができていないのです。

底知れない沈黙、隠れた場所からの声無き声。そんな不思議な「気配」をぼくは感じます。すべての生命が、表層的な害益を超えた次元で関係しあう、静かな道理の世界。ギフチョウは見えない場所から、そんな世界の存在をぼくに語りかけてきます。

人間にとって、家畜を襲う「害獣」としてのオオカミを「駆除」する仕事をするうちに、人間による鳥獣保護の政策的視点を超えて、生態系のバランスを維持する必要性に目覚めたアメリカ人環境思想家・作家アルド・レオポルドの箴言《しんげん》が思い出されます。必要と思われたオオカミやクマなどの肉食獣の駆除によってシカが急激に増え、餌となる植物を食べ尽くし、自然の植生の致命的な被害とともにシカ自体も大量に餓死してゆくという事態に直面したレオポルドは、人間の都合による「保護」や「管理」の思想からきっぱりと決別し、まったく新しい環境倫理のヴィジョンへと進んでいきました。

レオポルドは、自然保護運動が八方塞がりになりかけていることを、名和先生の研究が行なわれていた同時代、二〇世紀の前半から訴えはじめます。人間のコントロールによる自然保護の思想が、土地・環境に対する西欧の「アブラハム的」な見方と相容れないからです。アブラハム的とは、ユダヤ・キリスト教的な世界観からの人間中心主義、すなわち「人間は自然を支配することを神から許されている」という傲慢な思い込みのことです。レオポルドの美しい遺著『サンド・カウンティーの暦』(原著一九四九。邦題『野生のうたが聞こえる』)から一節を引きましょう。

土地は人間が所有する商品とみなされているため、とかく身勝手に扱われている。人間が土地を、自らも所属する共同体とみなすようになれば、もっと愛情と尊敬を込めた扱いをするようになるだろう。土地が、機械化文明に染まった人間の強い影響をくぐりぬけて存続し、また、人間が土地から、科学の下で、文化に寄与する美的収穫を得るためには、これよりほかに方法はないのである。
(アルド・レオポルド『野生のうたが聞こえる』新島義昭訳、講談社学術文庫、一九

九七）

ここでレオポルドがいう「土地《ランド》」landとは、とても深い実体であり概念です。「土地」に根ざす倫理。ぼくはこの「土地」が「土地」として毎年よみがえる時、すなわち早春の、落葉広葉樹林帯の枯葉の隙間から生まれる清廉なギフチョウこそ、この道理を沈黙の声とともに人間に伝えようとしているのだ、となぜか確信するのです。名和先生のいう「昆虫世界」とは、そのような高次の法がやわらかくすべてを包みこむ生命共同体のことにちがいありません。

ユスリカの呪文

手塚治虫先生へ

むかしからなぜかアブに好かれる性質《たち》でした。汗にアブ好みの芳香成分でも含まれているのでしょうか？　いまだに理由はわかりません。家族や友人たちと山や草原を歩いていると、たいていぼくのところだけにアブが寄ってくるのです。大型のウシアブ（牛虻）などは、本来は家畜の血を吸うアブだと思うのですが、ふと気がつくとぼくの腕に止まっていて、挨拶するようにチクッと刺したりするのです。ハチとはちがって刺されても毒などはないので、ただ小さな痛みと、その後のかゆみがしばらく残るだけです。危害を加えようとしているのではないことはわかるのです。でもなぜぼくにだけ？　やっぱりアブに好かれているのでしょうか？　手塚先生の漫画にあるように、ぼくにとってのアブもまた、主人公を優しくいざなったり挑発したりする、透明な翅を背中につけた長い髪の可愛い少女の姿をしているのでしょうか？

蠅よりはるかに大きく、複眼が異常に発達したアブは、よく見るととても美しい昆虫です。とくにアオメアブ（青目虻）の緑赤色に光る丸い複眼などは、少年時代に見たもっとも美しいものの一つでした。あの複眼の宝石のような輝きは、自然界に存在する「色」というものの複雑さと妖しさ、その変幻自在の魅力をはじめて教えてくれたような気もしています。魅入る、とはまさにあんな色と輝きを持ったものへの憧れをあらわす言葉かもしれません。それにアブは、縄張りに知らずに入ったりした時に突然攻撃してくるハチとはちがって、どちらかといえば、向こうから人や動物に寄りつき、つきまとう性向を持っているという点で、むしろ人懐っこさささえ感じるのです。いいえ、それもこれもアブに好かれてしまった者の独りよがりにすぎないでしょうか？

手塚治虫先生。六甲山の麓、宝塚の野山に遊びながら成長し、昆虫採集に熱中するというだけでなく、すべての虫を精密に絵に描こうという情熱においても瞠目《どうもく》すべき「昆虫少年」だった先生。中学三年の時には、昆虫学者になろうという夢を持ち、世界中の虫の図鑑をみずから単独で創ろうとすらしていた先生。だから先生は、人間の勝手な美意識だけで虫の世界に優劣や美醜の区別を持ち込むことはされませんでした。美しい蝶や甲虫類だけでなく、人には嫌われ者のハエやアブも先生の漫画のそこここに存在感を持って登場するのはそのためでしょう。「ケン1探偵長」はぼくが読んだ最初期の先生の漫画の一つでしたが、そこにも殺人アブが登場する物語があって、アブの謎に挑む純粋で勇敢なケン1少年の行動が生き生きと描かれていたように記憶しています。

そういえば、先生には、ハナアブの近似種であるメバエ（メバイ）を観察している印象的な文章がありましたね。中学時代、「徒然草」に倣って日々の感興のおもむくままに昆虫日記をしたためようという早熟な先生の、一五歳のときの文章です。

ひとり家の縁にしゃがんでいると、ビーと響くような高音を立てて、目の前にメバイが留まる。こちらを向いてじっとしているさまは、まるで一寸法師が鬼に向かっているか、小人島の剣士が大男を向こうにまわして闘おうとしているか、とにかく面白い。よく見るとなかなか立派な服装だ。だんだら縞の服に黒いビロードの胸着、ハイカラな角帽子をちょこんと載せた頭。「捕まえてやれ」と僕は左手を横からそっと近づけた。とたんに小人島の剣士はさっと逃げてしまった。

（「小さな剣士」『昆虫つれづれ草』小学館、一九九六。改行省略）

一見のどかな虫との内的な対話の描写です。メバエはハチに似た体色をし、角帽《すみぼう》子《し》に似た尖った頭巾のような折れ曲がる口吻を持っていて、たしかに勇敢な剣士に見えます。虫を観察する者の精緻な目が、しずかに、少し誇張された好奇心によって、生き物の本質に迫ろうとしている見事な描写です。少年と虫の完結した小世界。けれどこの日記が、一九四四年に書かれたものであると知れば、先生の少年の日々が、戦時下のきびしい社会統制と物質的な困窮を背景にして送られていたことは明らかです。子供の純朴な楽しみをすっかり奪われた世界で、虫を観察し集めることによる秘められた満足は、この時代においてまさにかけがえのない喜び、生きがいとして、先生の胸を包みこんでいたのでしょう。

『昆虫つれづれ草』に、先生はこんな話も書かれていました。帝国陸軍の過去の戦果を讃える国策映画のひとつ「海軍戦記」を見に行った先生は、南海のどこかの島の埃立つ道を皇軍のトラック部隊が走り去る映像を見ながら、その道の脇に生えた植物の花々をかすめるようにして翔ぶツマベニチョウらしき白い蝶の方に目を釘付けにされていた、と。この挿話だけで、当時の先生の心を占めていたものの、ぎりぎりの大切さがわかります。

ぼくが偶然にもおなじ一五歳のとき、先生の読みきり漫画「ゼフィルス」（一九七二）が『週刊少年サンデー』に載りました。昆虫採集が中心的な素材となっている、いままでにない漫画だったので、ぼくは不意をつかれたようにしてむさぼり読みました。B29が毎日のように爆弾や焼夷弾を都会に浴びせる敗戦濃厚な空気のもと、防空壕を掘りながら珍しいシデムシの発見に心躍らせる少年の物語です。訓練ばかりになった学校の日々、周りから白い目で見られつつ虫取りに野山をかけめぐる少年の前にあらわれる、美しい天使のような姿をしたゼフィルス（ミドリシジミ類）の一つウラジロミドリシジミ。この可憐なチョウとの淡い交流が、脱走兵とその恋人の禁じられた愛の物語と交差するようにして描かれていきます。最後には、ウラジロミドリシジミの棲息する森がまるごと爆撃で消失してしまい、その焼け落ちた黒焦げの森の前で少年はいつまでも泣きつづけるのです。戦争の災禍というだけに終わらない、より普遍的な喪失、すなわち無垢の少年期そのものの終わりが、ここでも暗示されているのでしょう。

手塚治虫の漫画「ゼフィルス」（1971）より

「ゼフィルス」はたしかに、読者にとっては、昆虫採集そのものをテーマにしたという意味で例外的な作品でした。けれど、先生の漫画にはしばしば虫たちが主役や脇役として登場します。あるときは物語のなかで巧みに脚色され、擬人化された登場人物として、またあるときは野生の虫そのものとして。けれどぼくは、少年時代に先生の描く昆虫キャラクターにとくに注目し、またそれらに魅せられたという記憶がありません。「すずむしひめ」のすずちゃん。好奇心旺盛でちょっとドジなアリのくろちょろ。冒険好きの幼いミツバチ少女びいこちゃん。たしかにユーモラスで童話的な役柄としてこれらの擬人的キャラクターは印象的ではありましたが、ぼくが惹かれていたのはやはり先生が語るストーリー漫画としての物語の壮大な骨格の方でした。「鉄腕アトム」にはじまり「ジャングル大帝」「火の鳥」「ブラック・ジャック」にいたる長篇漫画のなかで深く探究された命への問い、変身や復活というモティーフに、ぼくはすっかり心奪われていたのです。

その反面、先生の漫画における虫は、むしろキャラクター化されずに、自然の奥深いリアリティーや繊細さ、愛らしさ、ときに荒々しさを伝える道具立てとして登場したとき、ぼくの心に深く刻印されました。電灯や誘蛾灯に集まるガの描写はあちこちに出てきますが、それだけで夜の町外れの不思議に森閑とした気配をかもしだすのでした。「陽だまりの樹」では、勇壮な武士の指先に留まるテントウムシの無心な姿がみごとなコントラストを描いていました。そしてなにより、ぼくが惹かれたのは虫の声だけが画面に描かれるシーンです。夜の風景に、描き文字で「リーリーリー」とあるだけでその場所の気配が一気に情感を持ってたちあがるのです。コオロギやスズムシの存在が、音だけを示すことで、逆に鮮烈に意識されてきます。夜の田圃と草叢《くさむら》が広がる絵に、ただ「リーリー」と「スーイッチョ」と「ゲコゲコ」という描き文字だけ、というような漫画の一コマもあったでしょうか。そこでは、スズムシとウマオイとアマガエルがお互いの声を測りながら、合唱しているのですね。そこに主人公の少年が寝ころんでいれば、彼がそうした虫の静謐な声の世界に全身をもって浸透している、という気配がありありと伝わってきて、不思議な陶酔を誘い出すのです。先生の虫の演出はほんとうに見事でした。

ところでぼくは、先生と同じように、中学に入るか入らないかの頃から「図鑑」というものに魅せられていました。もちろん、なによりも蝶や蛾、甲虫類を網羅した昆虫図鑑です。ぼくの時代は、保育社から出ていた函入りの『原色日本昆虫図鑑』や『原色日本蝶類図鑑』などが座右の書でした。小遣いなどでは手もとどかないとても高価な本でしたが、親にねだって買ってもらったのだと思います。図版はすべて原色写真で、解説の学問的な詳しさも特筆すべきで、専門的な「昆虫学」というものへの憧れをかきたてる本格的な図鑑でした。そしてその頃ぼくは密かに、自分の手で新しい「昆虫図鑑」を書いてみよう、と決意したのです。しかも、架空の土地の架空の虫のすべてのステージの姿とその生態の解説を網羅した、完全図鑑です。中学一年生の頃だったでしょうか、書きはじめたページのレイアウトなどはいまも覚えています。成虫の細密画を上部に大きく掲げ、その下に卵や幼虫、蛹の姿、そして、棲息地から発生時期、生態の特徴など、すべてを想像力にまかせて描き、解説してゆく作業です。でも、情けないことに、始めてすぐ放棄してしまったようです。ノートももう残っていません。志だけは高かったのですが、それをほんとうに実現する努力も集中力も、ぼくにはなかったのだと思います。

手塚先生が夢中になっていた、当時の昆虫図鑑の決定版、三省堂から出ていた平山修次郎の『原色千種昆蟲圖譜』（一九三三）や『原色甲蟲圖譜』（一九四〇）。これらの図鑑が、はじめて美しく精確なカラー写真図版によって昆虫の姿を再現したことは重要でした。まさに図版の標本的な精確さと美しさの両面に心動かされ、それを模写するかたちで、先生独自の図鑑制作の夢がかきたてられたのですから。後にぼくは、先生が中学三年生の時に描いた『原色甲蟲圖譜』のカラー図版を見て驚嘆しました。

それはなんとも見事で精密、精確な昆虫図鑑で、平山修次郎の図鑑に掲げられた原色の標本をおもに参考にしながら、それらをじつに丁寧にノートに模写し、解説を付したものでした。第一集とされるノートに四〇〇種超、第二集には二四七種の甲虫が、びっしりと美しい彩色で描かれていたのです。正月元旦に思い立ち、第一集をわずか一五日で、第二集も一ヶ月半ほどで完成させてしまうという途方もない集中力も驚くべきことですが、赤色の絵の具が足りないときは自分の指を切って血液まで利用したという話は、すでに伝説です。日本産の甲虫すべての種を原色で記載しようという当初の夢は残念ながらかなわず、途中で力尽きたわけですが、先生

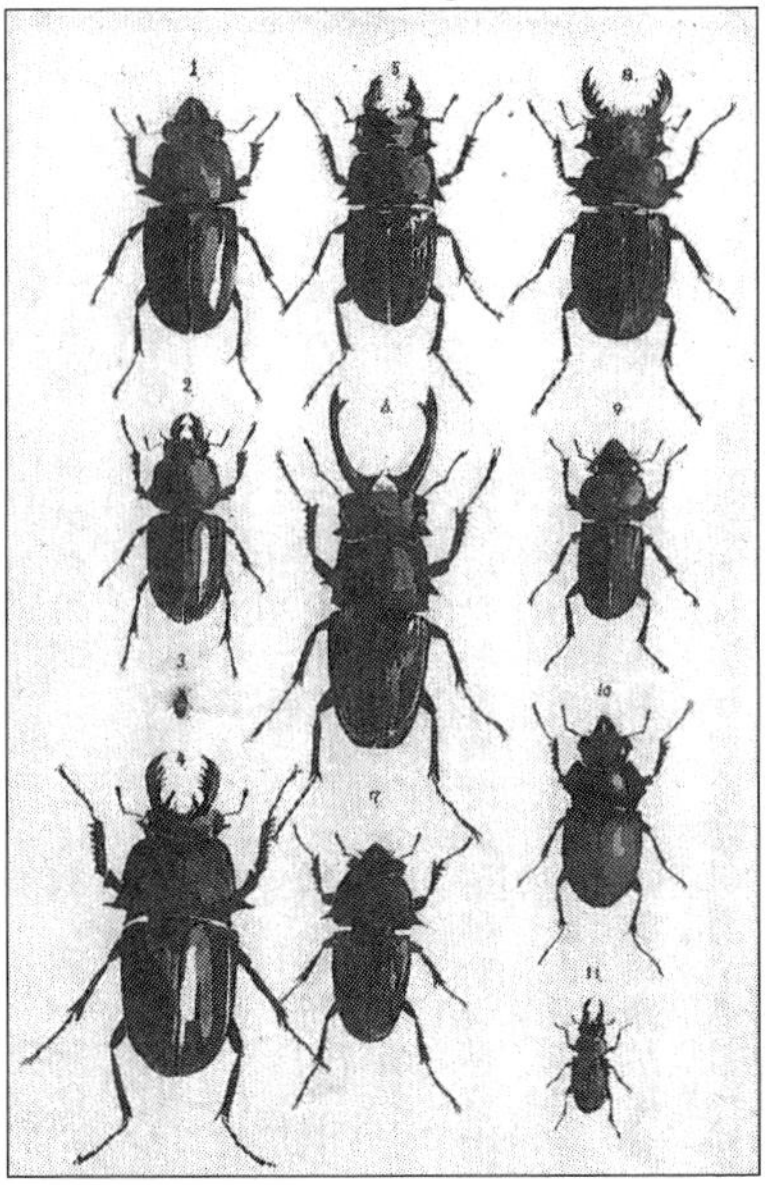

手塚治虫が中学三年の時に描いた『原色甲蟲圖譜』の一ページ。南西諸島や台湾に棲息するマルバネクワガタの仲間が並んでいる

の筆名の由来となったオサムシ類の黒く青く光る美しい胴体の絵柄などを見ていると、写真の再現力ではとうてい及ばない、絵筆による再現性の神秘的とすらいえる深い描写力に、あらためて心打たれるのです。

しかもさらに面白いことがあります。先生は中学二年のとき、「昆虫手帳」というノートのなかに、架空の国で採れる架空の蝶の絵を、洒落た解説を付けて描かれましたね。ぼくの閃きと同じものが、すでに先生のなかにあり、それを卓抜な絵によって表現されていたことは驚きでした。そんな架空の虫のなかでもケッサクなのが「カオーセッケンコウコクダマシ（♂）」という名の蝶です。三日月に顔がある特徴的な花王石鹼のマークは明治期に作られ、大正から昭和にかけて企業ロゴとして人々のあいだに広く浸透しましたが、先生はそんな民衆的な図像を巧みに昆虫学的想像力のなかに取り込み、まさにあのロゴそっくりの翅をつけた蝶をユーモアと諧謔を込めて創りだしたのです。先生による手書きの解説にはこうありました。

本種ハ特異ノ形状ヲ有ス。後翅ハ甚ダシク退化シ痕跡ヲ残セルノミ。前翅ハ大型ニシテ前縁角、後縁角は著ルシク突出、一見三日月ノ如シ。中央部端及ビ外縁近クニ大ナル黒色眼状紋ヲ装フ。開張ハ GANMENKAKU 180°、口部ヨリ雄ハ石鹼様ノ発香線アリ。廣告上ニ多シ。（北中ニ飼育中ナリ）七、八月頃、本島、イビ島、ポテト島ニ湧出ス。幼虫ハ石鹼、洗粉、磨砂、歯磨粉等ヲ食シ、恆ニ口中ヲ清ケツニス。

遊び心満載の記述です。架空の島イビ島やポテト島に棲む架空の蝶カオーセッケンコウコクダマシ。けれどそれはただの空想ではなく、現実にたいする混ぜっ返しや諷刺をもはらんだ、とても知的に高度なユーモアのセンスがにじみ出しています。ほかにもこんな面白い虫がいました。イビ島のクラーマ山に棲息するテングタテハは、口吻が長い鼻のように突出し、顔部が赤く、しばしば人里に降りて空き家を見つけては酒盛りをする、というのです。さらにその幼虫はウチワを食べる、と書いてあって、ぼくは大笑いしてしまいました。しかもファンタジーなのに、どこかとても真に迫った空気を感じてしまいます。

ほかにも、ボロツギヒトリグラシカミキリは、襤褸《ぼろ》を着たような模様の侘びしそうなカミキリムシです。ケラケラというのは、歯をむき出した破顔模様のケラです。ムショイリヤケッパチは、横縞の囚人服を着たハチですが、その駄洒落のセンスにも脱帽です。そしてフンダリケッタリヤンマ。これは身体が歪んで崩れかけたヤンマのようなトンボですが、どうにも形態が破壊的すぎて、ほとんどピカソかエルンストあたりのシュールレアリスムの絵を見るようです。一四歳にしてこの高踏的な遊び！

先生の漫画的な諷刺精神は、すでにこのようなかたちで発揮されていたのですね。

ぼくの空想図鑑が挫折したのも、いまとなってはわかるような気がします。ぼくが発想した図鑑は、たしかに架空の国の架空の昆虫をできるだけたくさん創作し、それを並べようとしたものでした。けれど、その想像力の方向性はあくまでも生真面目で、どこにも存在しないほど美しい、あるいは複雑で特徴的な形態を持った虫たちの姿を、リアリズムの枠を超えないかたちで再現しようとしか考えなかったのです。でもそれだけでは、想像力はどこかでかならず枯渇してしまうでしょう。実際の自然界にある美や多様性を凌駕するイマジネーションを人間が創り出すのは、究極的には不可能だからです。けれど先生の発想はちがいました。先生はむしろこの架空図鑑を、常識的なリアリズム信奉への痛烈な批評として行おうとしていたのですね。そうであれば、その諧謔精神はリアルを超えてどこまでも飛翔することができるでしょう。手塚先生の「漫画」そのものの深い創造原理もまた、同じ諷刺的な根を持っていたにちがいないのです。

最後に、ぼくが北海道の原野で体験した、とても印象深い出来事を先生にお話ししたいと思います。この手紙もアブの話で始めましたが、双翅目という昆虫の仲間がいますね。その名の通り二枚の翅をもつグループで、昆虫全種のなかで一二万種もいる重要なグループです。一般にはハエ目とも言われ、ハエ、アブ、カ、ガガンボなどがその仲間です。そして双翅目に分類される虫は、鱗翅目や甲虫目の虫たちに比べて愛好家には圧倒的に不人気なグループです。ところが、手塚先生の漫画を思い浮かべてみると、これら双翅目の虫たちが執拗に描かれている作品がけっして少なくないことに気づきます。先生の昆虫学の、不思議な特徴かもしれません。しかもそうした双翅目の虫たちは、擬人化されたキャラクターとしてではなく、ほとんどつねに、虫そのものの荒々しく、恐ろしい野生をそのまま人間の存在に対峙させるための存在として描かれていて興味を惹かれます。

ぼくがすぐに思いつくのは長篇漫画『シュマリ』です。明治初期の開拓時代の北海道の原野を舞台に、土地を奪われ尊厳を傷つけられてゆくアイヌ民族の残照を背景にして、入植と開拓という近代の歴史の力によって押しつぶされようとする人間の抵抗、その自然に根ざした生存そのものの真実と力を謳い上げた佳篇です。そこに、主人公シュマリが実子のように可愛がるアイヌの孤児ポン・ションが出てきます。このポン・ションが小さな子供時代に、シュマリが守る荒れ果てた牧場のはずれで大量の蚊につきまとわれる印象的なシーンがありました。無数の蚊が渦を巻く壮大な蚊柱が子供の頭上に立ち、それを振り払おうとしながら逃げまどい、ついには火吹き竹を持って水に飛び込んで水中で呼吸しながら蚊柱の退散を待つというシーンです。無数のイナゴの来襲によって、土地の緑が一木一草に至るまで食い尽くされてしまう壮絶な情景とともに、『シュマリ』のなかで不思議に印象に残る場面です。野生の畏怖すべき力が、蚊の「群」をなす様態によって、深く実感されるからでしょうか。ポン・ションは大量の蚊に刺されたための「おこり」で長く寝込むことになりました。

ぼく自身の蚊柱をめぐる懐かしい思い出がそこに重なります。それは、アイヌの聖地としてツイシカリ（「対雁」と書く）と名づけられた河原でのことでした。ちょうど石狩川と豊平川の合流点にある野生の湿地帯で、アイヌ語でツイシカリとは「沼がそこで回る」という意味です。いまから二〇年近く前のことですが、その頃北海道に住んでいたぼくは、世界に兆しはじめた独善的な「戦争」の空気とそれになびいてゆく世論の気配に心を痛め、打ちひしがれ、ものを考えたり書いたりする気力を失って、すっかり「魂《まぶい》」を落とした状態にありました。心配したアイヌの血を引く友人が、先住民族のスピリットが漂う古い聖地で、ぼくの空っぽの内部に魂をあらためて吹き込む儀式をしようと提案してくれたのです。

朝早くツイシカリの河畔に着いたぼくたちは、まず枯れ枝に火をおこしました。それは、早暁《そうぎょう》に立ちこめていた河畔の朝靄が日の出とともにゆっくりと晴れてゆく、不思議に柔らかく湿った時間帯のことでした。アイヌの司祭は鮭とホッケの干物を捧げ物として置き、湿った泥土に御幣状の祭具イナウを立てます。するとイナウの先についた、カールした鉋《かんな》くずのようなキケが、鳥の羽のように軽々と風にそよぎはじめるのでした。かすかに残った霧が、細かな水滴のようにぼくの頬に涼しげに当たっていました。イヤイライケレ、イヤイライケレ。司祭は神への感謝の言葉を捧げ、祈ります。呪文がとなえられ、ぼくの魂の空洞になにかが注がれようとしています。その時です。ぼくはかたわらに、何か静かな唸りのような音を聞きました。

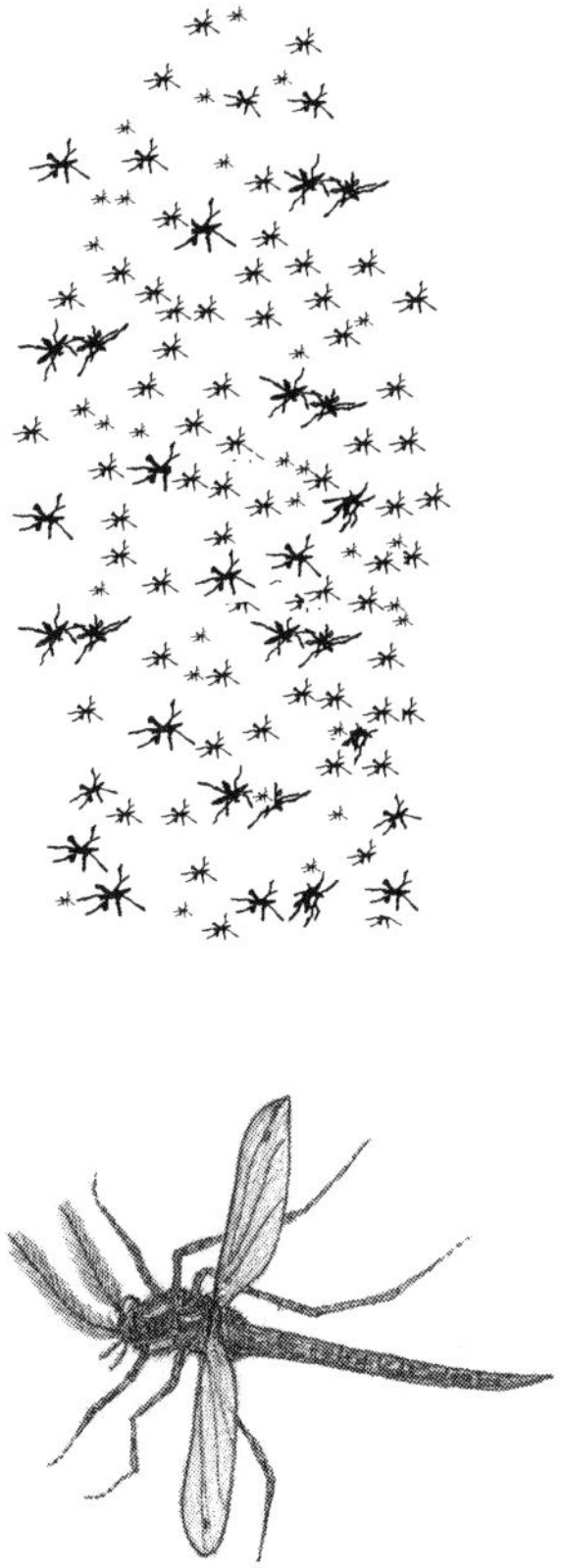

Chironomus plumosus
オオユスリカ

祈っていた顔を上げると、頭上にみごとな蚊柱が出現していたのです。見たこともない、壮大な蚊柱でした。真下から眺めるその蚊柱は、まるで果てのない螺旋状の聖なる筒のように、うねりながら灰色の空へと無限に伸びていました。ぼくの意識は吸い込まれていきました。ぼくという存在が、途方もない再生の力を秘めたこの自然界の一部へと引き戻されたのでしょうか。蚊柱の渦は、儀式のあいだずっとそこにありました。聖なる螺旋を描くユスリカたちの恩寵のようなかすかな呼び声を、ぼくは全身で受けとめようとしていたのです。

川はかつては小さな水路の数々によって栄養を与えられたデルタに似ていた。そこには無数の蛭《ひる》が棲み、水面を旋回する蚊の大群がつくる大渦巻は、ほとんど自然の嵐のスケールに等しかった。（記憶が私の過去を理想化するはるか以前から）私の幼年期の夢も、生きる望みも、その川から引き出された。

（Édouard Glissant, *L'Intention Poétique*. Gallimard, 1997. 私訳）

アイヌの司祭による儀式のあと、ぼくの魂《まぶい》はゆっくりと何週間もかけて、ぼくの内部に戻ってきました。そんな頃、ぼくはマルティニックの詩人エドゥアール・グリッサンのこんな回想を読んだのです。ここにも大いなる蚊柱の記憶がありました。自分という存在が、そんなユスリカの渦巻く野生の力から引き出されたこと。手塚先生。『シュマリ』を書かれた先生もきっと、そんな直観を支持してくれると信じています。

スズメガの貪欲
ヨリス・ホフナーヘル先生へ

それはなんとも不思議で妖しげな気配をかもしだす絵でした。緻密に仕上げられた「静物画」の一種なのだろう。ぼくはまずそう思いました。白い背景の画面に描かれているものは、それほど多くはありません。まず中央に大きく、薄黄色の熟れた洋梨の実が置かれています。その実の上に赤い尾を突き立てた奇妙な水玉柄の黒い幼虫がとりつき、この幼虫と顔を見合わせるように一羽の白っぽい蝶が枝にとまっています。洋梨の下には一匹のムカデが身体をくねらせ、宙には一羽のハナアブが二枚の翅を拡げて幼虫の方にむかって飛んでこようという瞬間です。

リアルに描かれた、果物と幼虫と蝶と百足と虻。見たこともない奇妙な組み合わせでした。そして不思議なことに、どこか不穏な気配がただよっているのです。たしかにそれは、生き物たちがうごめいている情景の一瞬を切り取るようにして描いた写実的な絵画に見えました。けれど、それにしてはなぜか現実味が薄いのです。こんな生き物たちの取り合わせが、実際にあるとは思われなくなってきます。まるでピン留めされた精巧な標本が生きているかのように配置されている、静謐なたたずまい。死んだ自然。

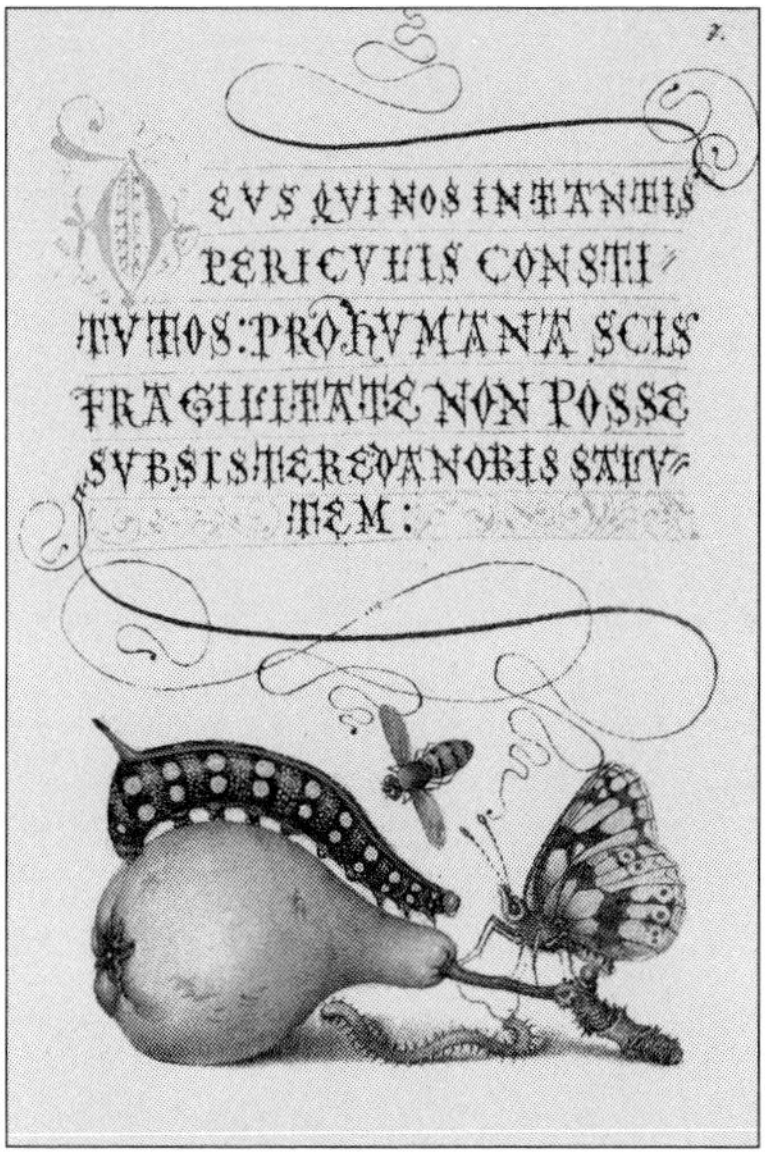

16世紀ハンガリーのカリグラファー、ゲオルク・ボチュカイによる装飾文字見本帳の余白に、ヨリス・ホフナーヘルが花や昆虫の細密画を描いた*Mira Calligraphiae Monumenta*（16世紀末）の一ページ。幼虫はトウダイグサスズメガ

ぼくが感じた無意識の直観をそんな言葉で語れるほど、あのときのぼくは成熟してはいませんでしたが、どこかでぼくはそんな不気味な死の

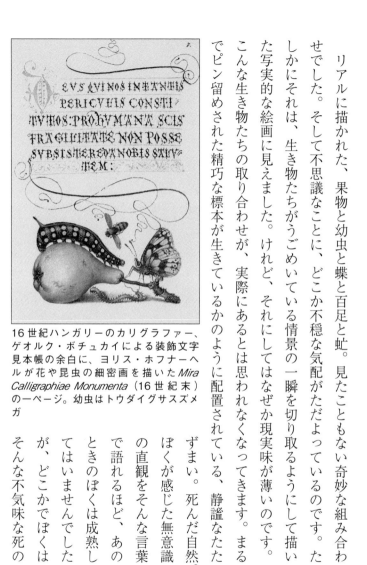

匂いを感じとっていたのかもしれません。

この絵に出あったとき、ぼくは中学生でした。昆虫世界にすっかり魅せられ、採集と飼育をくりかえしながら、図鑑や読み物に熱中しているときでした。そんな頃に読んだ、西洋の古い昆虫画を紹介した雑誌の記事かなにかで見たのでしょうか。この絵の妖しい気配と、そこからぼくが受けとった未知の魅惑にさそわれるような感じは、いまだにくっきりと憶えています。初めて見る一つの不思議な図像が与える、一種の視覚的な衝撃。それは十年とすこし生きてきただけのあの頃のぼくの「眼」にとって、とても新鮮な体験だったといえるかもしれません。

ずっと後にわかったことですが、この絵の作者がホフナーヘル先生でした。ヨリス・ホフナーヘル（一五四二―一六〇一）。フランドルの画家、版画家、挿画家、そして製図工。事典などにはそうあります。一六世紀という北方ルネサンス期の優れた芸術家に典型的なように、先生もまた多芸多才のルネサンス的アーティストだったようです。近代世界の入口にあって、職人と芸術家とのあいだにまだ明確な区別がなかった時代、造形的な才能に抜きんでた先生のような人は、社会が要請するありとあらゆる領域においてその力を発揮することができたのでしょう。

ホフナーヘル先生。先生は、ヨーロッパ最後の偉大な彩飾家ともいわれてきましたね。この「彩飾《イリユミネーシヨン》」という、書籍制作にかかわる特異な技芸が存在したことを、もういまの大量印刷時代を生きる人々は忘れています。それは手書き文字による書籍の余白に、美しい彩色の模様や図像を描き加える技術のことです。一六世紀頃までに制作された聖書や祈禱書、さまざまな種類の豪華本を美しく仕上げるための伝統的な方法で、文字がすでに書かれてある頁に彩飾を加えて完成させるのが手順でした。その意味で、ホフナーヘル先生、あなたは一六世紀という、印刷機による大量印刷本が登場しはじめるまさに書籍文化史の大きな転換点において、人間の「手」による伝統的な彩飾という美学の最後の実践者だったことになります。私の心をとらえたあの絵。それは、そのような時代において、神聖ローマ皇帝ルドルフ二世の命により制作された、ハンガリーの能書家ゲオルク・ボチュカイの手書きの装飾文字の範例集である『装飾文字集』の頁に加えられた彩飾《イリユミネーシヨン》として描かれたものだったのです。

先生の父親はダイヤモンド商人だったそうですね。この時期のフランドル地方は、先生が生まれたアントウェルペンのような良港をもち、西欧の植民地主義による支配と領土拡張の動きとあいまって、世界中の珍しい文物が集結する特別の場となっていました。ダイヤモンドのような宝石や鉱物もそうした希少な文物の一つでしたが、それ以外にもこの時期のヨーロッパの貴族や王侯たちが珍重したのが化石や骨、貝殻や珊瑚、そして珍しい動植物や昆虫の標本でした。先生に彩飾を依頼したルドルフ二世は「クンストカマー」と呼ばれる宝物殿をつくることを趣味とし、当時の世界中の珍品を集めた膨大なコレクションを持っていました。これは裕福な権力者の日々の憂鬱を紛らわせる気晴らしでもあったかもしれませんが、歴史的に見れば、それは当時のヨーロッパが、世界の富のすべてを、自然物を含めて独占・支配していることを示す、ひとつの象徴的な文化的身振りでもあったのでしょう。このクンストカマーこそ、その後の博物館や美術館という、帝国主義的な権勢の顕示システムの起源となったものです。

そう考えると、先生の絵にぼくが感じた不気味な気配の意味が、すこしずつわかってきます。やはりあれは素朴な写生画ではなく、あきらかに当時の西欧社会の豪《ごう》奢《しゃ》な文化のあり方を示す、一つの社会的な意味をになった絵であったことはまちがいないのです。このような静物画を介して、画家たちは世界中の生き物や文物の西欧社会への集中と独占を描こうとしていたのです。それは、先生の意図、というよりは、むしろ当時の「絵画」というものが、画家個人の表現の意思や意図よりもはるかに強い、一つの時代的な感性とでもいえるものによって成立していたことを示していたともいえるでしょう。あの絵は、近代の入口に立つ時代そのものが描き出した、一つの「世界観」を表明する無意識的なコンポジションだった、といまのぼくなら呼ぶかもしれません。

先生の絵を初めて見たとき、なにより印象的だったのが、梨にとまっている水玉柄をもつ黒っぽい幼虫でした。毛のない艶のある胴体。赤い頭。黒い胴体に無数の小さな白点。タテに二つならんだ一一列におよぶ黄色の円形斑。さらに赤い角のような突起が幼虫の尾にはついています。こんな妖しくも美しい姿をした幼虫がほんとうにいるのか、と少年時代のぼくはまず疑ったものです。

ですが、調べていくうちにその幼虫が架空のものではないことがわかりました。海外の蝶や蛾の図鑑を細かく見ていったぼくは、それがヨーロッパに広く分布するトウダイグサスズメガ（学名 *Hyles euphorbiae*）の美しい終齢幼虫の、とても忠実な再現であることを発見したのです。これほどみごとな模様をもった幼虫が、絵画的想像力の産物ではなく、ほんとうにいることを知ってぼくは嬉しくなりました。しかもトウダイグサスズメガは、人間にとって興味深い生態をもっていました。その幼虫は、文字通りトウダイグサの葉をもりもり食べて成長する幼虫でしたが、トウダイグサ科の植物は葉に有毒物質を持っており、蔓延すると農業や園芸、放牧にとっての有害植物となるため嫌われていました。そのため人々は、このスズメガの幼虫をトウダイグサの繁殖を押さえるための生物的防除のエージェントとして導入してきたようなのです。それほどに、この幼虫が葉を食べるときの食欲は旺盛なのでしょう。化学的な方法ではなく、生物学的な天敵の導入によって有害植物を排除するという方法は、まさに自然との共生のありかたを深く理解してきた古来の人間の伝

Hyles euphorbiae
トウダイグサスズメガ

統的な知恵として、ぼくにはとても貴重に思えます。

ホフナーヘル先生。先生が、この絵のなかにそんな幼虫を描き込んだとき、いったいどのような思いが脳裏に渦巻いていたのか、それをぼくは知りたく思います。「彩飾」というかたちで描かれた装飾的な絵である以上、そこには学術的な図版としての精確性は求められてはいませんでした。けれど、これはけっしてたんなる観賞物としての絵画作品ではなく、人間のリアルな感情に強く訴えかける意図をもっていました。この美しく華麗な模様をもった蛾の幼虫は、四〇〇年以上前のヨーロッパの人々の、あらたに拓けつつあった科学的知性と世界への好奇心、世界中の珍しい文物を蒐集したいという無意識の衝動の象徴でもあったのでしょう。さらにこの時期、すでに昆虫は、農業や園芸を通じて人々の日々の生の営みとも結びついた経験的な民衆知の基礎をつくってもいました。そして一八世紀になるとリンネやビュフォンが登場し、動植物や昆虫の分類学についての知見は一気に精度を増していきました。存在するものを記録してゆく民衆的「博物学」から進化した、純粋に科学的な「生物学」の誕生は、自然に関する人間の雑多な知識が総合的・体系的な科学知へと脱皮してゆくことを意味していたのです。先生によるスズメガの幼虫の絵は、そんな歴史的な過渡期に現われた、さまざまな意味を含み込んだとても興味深い昆虫画なのだ、ということを、ぼくは長いあいだかけて理解していくことになりました。

ホフナーヘル先生。先生の時代から四〇〇年以上が経って、ぼくの時代の「幼虫」がどんな存在になっているか、そんな話を先生に報告するのも面白いかもしれません。ぼくにとっての日々の昆虫学は、あるときから成虫を採ってきれいな標本をつくることだけでなく、いわゆる「飼育」という段階へと必然的に入っていきました。野外で特定の昆虫が食べる特定の植物（食草）を探し出し、そこに隠れている卵や幼虫を採集して家に持ち帰り、飼育瓶で飼育して幼虫が脱皮してゆく成長の姿を観察し、蛹になる様子を見届け、ついには羽化する瞬間に立ち合って、その生まれたばかりの無垢の蝶や蛾をそのまま美しい標本にしてゆく、という一連のプロセスです。けれどもこれは、ただきれいな標本を得たいというような所有欲からは離れたものでした。ぼくにとっては、虫そのものの「変態」と呼ばれる変幻自在で神秘的ですらある変身《メタモルフォーゼ》の過程を、目の前でじっくりと観察する悦びこそがほとんどすべてだったからです。

身近なところでは、キアゲハの飼育はいつまでたっても飽きない魅力を持っていました。飼育という小世界に入門した昆虫少年が最初に学ぶのは、虫のことではなくむしろ虫が食べる植物に関する知識です。キアゲハの場合、幼虫が食べる草はセリ、シシウド、ミツバ、アシタバ、ニンジンといったセリ科の特定の植物と決まっています。少年期のぼくにとっては、家の庭に地植えしていたパセリの葉にキアゲハの美しい半透明の円い真珠のような卵が輝き、愛らしい幼虫がとりついているのを発見したときの悦びが最初だったでしょうか。初夏、みずみずしいパセリの繊細な青葉の先端に、キアゲハの雌がゆっくりと近づいてきて、慎重に、でも歓喜とともに卵を産んで、すこし後ろ髪を引かれるようにして飛び去ってゆく愛情あふれる姿など、いくら眺めていても見飽きることはありませんでした。

幼虫の段階での姿の変化も新鮮でした。孵化してから三齢幼虫になるまでは、単純に黒に白いスジが少し入った、鳥の糞に似た保護色をしているのですが、四齢幼虫になると白黒まだらに黄色の斑点という姿になり、さらに脱皮して終齢（五齢）幼虫になると黄緑の鮮やかな地に黒い縞が入った大柄な姿へと変身し、黒い縞の部分にはくっきりと橙色の斑点が規則的に現われてくるのです。自然の造形の妙を感じさせる、ほれぼれするほどに美しい幼虫でした。キアゲハの食草が多岐にわたることを知ったぼくは、パセリだけでなく、近所で見つけた茴香《ういきょう》（フェンネル）を家の庭に移植したり、セロリの苗を地植えしたりしながら、さまざまな種類の草にキアゲハが卵を産むことを実際に観察していきました。どの草がいちばん好きなのか、という好奇心がすぐに芽生え、パセリにいた幼虫をセロリの葉の上に移してみたり、フェンネルの密生する葉のはざまに置いてみたり、いろいろ試みてもみました。ぼくの実感では、ウチにやってくるキアゲハはどの草もよく食べたように思います。とりわけフェンネルは大好物で、長細い葉だけでなく、黄色の小さく密生する花序や、そのあとにできる紡錘形の実でさえ、むしゃむしゃと貪るように食べていて驚かされました。わが家の近くは砂浜なので、海岸の砂地に群生するセリ科の植物のハマウドやハマボウフウを採りに行き、これらの艶のある少し厚めの葉をほんとうに食べてくれるのか、少し不安に思いながら与えてみたこともあります。けれど心配無用。キアゲハの幼虫たちはいたって寛大で選り好みがなく、ぼくがさし出す新しい種類の葉を、まるで自然からの当然の恵みであるかのように受け入れ、たくましく、美味しそうに食してくれたのです。食草を通じた幼虫とのこの無言の交流＝対話こそ、昆虫少年としてのぼくの、だれにも語ることのない密やかな悦びの一つなのでした。

けれど少し悲しかった出来事もあります。キアゲハが終齢幼虫になり、大いに食べて完全に成長した頃、蛹になる時期が来ます。蝶や蛾の一般的な習性として、蛹になるときには食草から離れ、遠くまで移動して人目につかないところで蛹になることが多いので、屋外で観察している幼虫の蛹化や羽化を見届けたければ、この時期に幼虫を飼育瓶に移す必要があるのです。あるときキアゲハの終齢幼虫を瓶に移し、庭のパセリの葉が足りなくなったので急遽スーパーでパセリを買い足して与えたことがありました。ところがどうでしょう！　元気にパセリを食べたキアゲハの幼虫は、翌日になってみると染みのような黒い塊になってすべて死んでいたのです。無惨な姿。売られていた露地栽培パセリに残っていた農薬が原因であることは明らかでした。ぼくはショックを受け、キアゲハたちが可哀想で、自分の失態を申し訳なく思いました。そしてふと、自分たちがスーパーで買って食べているパセリがそんな状態であることに気づき、これは人間にとっても由々しき事態なのではないか、と感じたのです。虫の飼育を通じて、ぼくは「環境問題」の一端にはじめて触れ、自然を人為的にコントロールしようとする産業社会にたいして倫理的な危機意識を抱いたように思います。農薬による環境汚染問題を目の覚めるような筆致で告発したアメリカの生物学者レイチェル・カーソンの名著『沈黙の春』を読んだのは、それからしばらくしてからのことでした。

最後にもういちど、先生のあの不思議な絵について語りたく思います。先生の絵と出あってから、ぼくはこのスズメガの幼虫が暗示するさまざまな可能性をめぐって、ずっと考え、また学びつづけてきたような気がするからです。先生が生きた北方ルネサンス期の絵画が特別に発達させた静物画の一ジャンルに、「ヴァニタス」Vanitasと呼ばれる特徴的なモティーフがあったことをあるとき知りました。ヴァニタスとはラテン語で「虚しさ」を意味する言葉です。このモティーフのもとに描かれた絵画は、枯れて朽ち果ててゆく花や果物、生の虚栄を示す貴金属や宝石、人の現世の知の限界を示す書物、時間の終わりを告げる砂時計、さらにはあからさまに死を想起させる頭蓋骨など、人生の空虚さ、儚さを示す象徴的な物質をテーブルの上に配した寓意的な静物画でした。このようなジャンルが生まれた背景には、当時のオランダ一帯が海外交易による経済的栄華を享受していたことがありました。人々は、その時代のつかのまの繁栄と豪奢が虚飾にすぎないこと、物質的に充たされることがかならずしも心の満足をもたらすものではないことを予感していたのでしょう。その結果、死によってすべては報われずに終わるという寓意画「ヴァニタス」が、一見写生的に見える静物画の姿を借りて生み出されていきました。静物画のことを「動かない生命」Stillevenと呼んだオランダも、「死んだ自然」Nature morteと呼んだフランスも、静物画にたちこめる死の匂いという、深い寓意に気づいていたのです。

　こうした時代背景を考えたとき、先生のあの絵にも、当時のヴァニタス画の片鱗が隠されていると見ることは可能かもしれません。すでに書いたように、先生の絵はぼくのなかに「博物学」と呼ばれるような世界への憧れをたしかにかきたてました。それは現代の科学的な意味での生物学とはちがう、動植物と人間とのかかわりをめぐる神話や物語の総体をも含む、自然環境をめぐる統合的な叡知のようなものとしてありました。しかしそれだけでは、先生の絵にぼくが感じたある種の不可思議さ、妖しさ、曖昧さを説明することはできないでしょう。それはやはりどこかで、ヴァニタスの思想に連なる悲観的な人生観が投影された寓意画でもあったのかもしれません。でも、幼虫がどうして虚飾と結びつくのでしょうか？　それが植物や花や果実を食べ、枯らしてしまう元凶だからでしょうか？

　そんな疑問を持ちながらいたぼくの前に、近年面白い本が現われました。『略奪する芋虫《キャタピラージュ》』*Caterpillage* という機知ある造語によって、ヴァニタス的な静物画の解読にあらたな仮説を提示した美術史家ハリー・バーガーによる研究書です。この本は、まさにホフナーヘル先生の昆虫挿画、とりわけそのなかで執拗に描かれた蝶や蛾の幼虫たちの存在に焦点をあてます。そして、従来の「虚しさ」という悲観的なヴァニタス画の解釈を刷新し、むしろ静物画に描き出された幼虫が草をむさぼるその貪欲さ、その生命エネルギーの強靭さに注目しつつ、死という生命にとっての不可避の宿命に抗する、生への渇望を絵から読みとろうとするのです。

いうまでもなく植物と昆虫の関係は相互的なものでした。植物は特定の虫の食草となって身を削りながら幼虫を育てる一方、植物の花は虫により受粉され、再生のための果実を得ます。これはとても簡潔な共生関係であり、食べられてしまうという寄生関係の背後には、創造的な共生の関係も隠されているわけです。ホフナーヘル先生の絵を見ると、幼虫たちのダイナミックな描写は、まさにこの「生」へ向かおうとする旺盛な欲望、生きることへの貪欲さをたしかに暗示しているようにぼくにも思えてくるのです。それこそが自然の発する光彩だ、といってもいいでしょうか。

幼虫の暗示するもの。それは人間の示す「強欲」とはちがう、自然なエネルギーの発露としての「貪欲」さではなかったでしょうか。あの、むしゃむしゃとフェンネルやハマウドの葉や花を食べてゆくわが家のキアゲハの幼虫たちの様子は、まさに、ただ生きようとする悦ばしい貪欲さを示しています。ぼくの知っている幼虫たちの渇望には、人間の強欲が示すような悪意も邪念も虚栄もないのです。それが裸の生命力というものの真実であり、人間にとっての救いです。そしてぼくは思うのです。この生命のもつあるがままの貪欲さとは、人間が「知る」ことにたいしてもつ貪欲さでもあるはずだ、と。その意味で、幼虫は知の化身なのです。虫たちはいまも新しい学びをくれます。少年時代だけでなくいくつになっても、ぼくに新しい啓示を与えつづけてくれるのです。

　ふとよみがえる記憶があります。ぼくの山梨の田舎の家はもとは養蚕農家で、二階には蚕棚をしつらえる広い空間がありました。ぼくが幼い子供時代、そこに一面の蚕棚がおかれ、桑の葉をいっぱいにした平らな籠の上にカイコガの白い幼虫が蠢いていたかすかな記憶があるのです。そしてなによりぼくを驚かせたのは、カイコたちが桑の葉を食べるときのなんともいえない不思議な音でした。無数の幼虫たちがいっせいに葉を食べるサワサワともザワザワとも聴こえる音は、あまりに深く強く響きわたり、それは永遠につづく生命力そのものの音のように感じられたのです。

ぼくはその音声《おんじょう》の神秘的ともいえる世界に連なりたいと、近くの桑畑にでかけてカイコの餌である葉を摘んでくる仕事を手伝いました。桑のつやつやした若葉を金属製の爪をつけて切り取ると、柄から白い汁が流れ出しました。生命の乳。そんな刹那の感興とともに、ぼくの舌にはなぜか甘く、そして苦い感触が走ったのです。そんなカイコたちが猛然と食べる桑の葉に、そんな恩寵と悲嘆とが同時に含まれていることを、ぼくは子供心に感じとったのかもしれません。ひたすら生きようとする、いのちそのものの宿命として。

ホフナーヘル先生。あの桑畑はすっかり消えてしまいました。誰ももうカイコを飼わないからです。先生がカイコガのあの白い幼虫を描いたら、どんな構図になっていたでしょう。生きることへの、そして知ることへの渇望が、そこはかとなくにじみ出していたでしょうか?

ウスバシロチョウの自伝
ウラジーミル・ナボコフ先生へ

偉大な作家や芸術家が、同時に生物学や自然科学にたいする深い造詣をもち、その分野においても注目すべき仕事をしていること。しかもその二つの領域が、どこかで有機的に連関しているように思われること。そんなスリリングで横断的な著作を残した人々にぼくは昔から特別の関心を抱きつづけてきました。

ぶれることなく、天職として定められた本業を地道にやり通す集中力を軽視するつもりはありません。一つの領域ですら、それを究めることがいかに困難で努力を要するものかも、身にしみて理解していたつもりです。にもかかわらず、ぼくはどこかでいつも、自分の生き方や仕事を、一つの専門領域に固定化してしまうような発想から自由でありたいと願ってきました。一見かけ離れた分野・世界が交差するところにはじめて見える、別種の真実のようなものがあるにちがいない。子供の頃からぼんやりとそう考えていたのかもしれません。そして長じたいま、それもまた一つの生き方としてまちがってはいなかった、と思うのです。

そんな性向は、すでにぼくの小学生時代からほの見えていたような気がします。気まぐれというわけではなかったのですが、同時にいくつものこと（虫とか石とか切手とか地図とか他愛もないことばかりでしたが）に熱中してどれも飽きることがありませんでした。やがて少し憂鬱《ブルー》な思春期が来て、何人かの好きな作家たちがもつ別の顔に気づくことになります。中学生のときに背伸びして読んだ『若きウェルテルの悩み』の、甘美で残酷でもある恋愛という名の世界。そんな未知の世界にぼくを導いてくれた文豪ゲーテは、独創的な形態学を編み出した植物学者でもあり、また特異な色彩論を説いた光学者でもあると知りました。あるいはやはり中学時代、山登りに目覚めてから読んだ『ウォールデン　森の生活』。一九世紀半ばの奴隷制時代、アメリカ東部の野性の森で自給自足しながら透徹した哲学を生み出した作家ヘンリー・ソローは、未完成におわった『森林の遷移』などの著作を鋭意構想していた、ダーウィンに対抗心をもやす博物学者でした。さらに、大学生になってから熱狂した、二〇世紀の音楽美学を「沈黙」や「偶然性」に焦点をあてることで全面的に刷新した作曲家ジョン・ケージは、ニューヨーク菌類学会を創設してキノコ研究に一つのユニークな貢献をした菌類学者でもありました。

ぼくが特別の関心を抱いたこれらの人々は、みな一つの共通性を持っていました。それは、近代科学の機械論的な世界観に疑義を抱いていた人々だ、という点です。実証的なデータをもとに、因果法則によってすべての自然科学的現象のなかにある規則的メカニズムを解明できるとする考え方への本質的な疑念。近代の科学革命にとって決定的に重要な転回点となった機械論的な考え方の硬直した部分に彼らは直観的に気づき、科学的理性だけでは説明できない領域が世界には存在することをいちはやく語ろうとしました。だからこそ、そこでは文学と科学との、芸術と自然学との豊かな交差が必要だったのです。だれよりも、『昆虫記』の執筆に生涯を捧げた博物学者アンリ・ファーブル自身が、南フランスで消えかかるオック語の復興運動に深く関ったオック語詩人でもありました。外から見た専門分野のなかに形式的に安住せず、内的な衝迫によって文学的創造力と科学の世界を有機的に横断していったこれらの先達の仕事は、ぼくにとって大きな魅力として映ったのです。

この先人たちの系譜のなかに、鱗翅学者としてのウラジーミル・ナボコフ先生、つまりあなたを数え上げることはまったく正しいように、ぼくには思われます。おそるおそる、先生のもっとも有名な小説『ロリータ』に挑戦したのは高校生の頃だったでしょうか。そこで描かれている中年男の少女への恋の倒錯的な空気。この作品のより複雑な深部に到達する前に、ぼくはその表層に目を奪われ、熱を出すほどにあてられて、途中で読むのをやめました。以来、ぼくにとっての先生の名は少女愛という禁断の領域のなかに封じ込められ、誤解のヴェールの向こう側に追いやられていました。その霧のような障壁が一気に晴れたのは、それほど昔のことではありません。先生の自伝的な小説『賜物』を読み、語り手の父親の思い出として回顧された物語に登場するどきどきするような昂揚感をともなった昆虫の話題の数々に、ぼくはすっかり魅了されたのです。

「昆虫学はわが家では一種の日常的な幻影と化していた。それはいわば、毎晩暖炉の前に腰をおろしても誰も驚かせることのない、家に住みついた無害な幽霊のようなものだった」（『賜物』沼野充義訳、河出書房新社、二〇一〇）。こんな一節が登場する小説の書き手が、家にとり憑いた昆虫学という幽霊に導かれて、純真な少年から作家であり鱗翅学者でもある存在へと転生したのは、とても自然なことでした。たしかに先生の現実の家庭環境と物語とのあいだには、記憶と想像力とを両輪にした変容・増幅運動が存在します。先生の現実の父親は、優れた自由主義者の政治家ではあれ、蝶については愛好家であったに過ぎず、小説にあるような『ロシア産蝶類図鑑』まで執筆した中央アジア探検家ではありませんでした。むしろ、ヒメシジミ諸属の分類学の権威となり、亡くなる直前まで『ヨーロッパの蝶』という大図鑑を完成させようとしていたのは、現実の先生の方なのです。けれど『賜物』では、父をめぐる少年期の記憶、という創作的な仕掛けを介して、先生は自分自身の子供時代の蝶の採集をめぐるかけがえのない記憶を、ベルリン亡命中に暗殺されて亡くなった父親への追慕の思いへと昇華させています。文学と鱗翅学がこのように出会い、お互いを豊かにしあいながら結合している例をぼくはほかに知りません。『賜物』のなかの素晴らしい一節。

父といっしょに森や野や泥炭の沼地を歩き回ることのこの上ない幸せや、父が旅に出たとき夏中ずっと抱き続けた父への思いや、何かを発見したい、その発見で父を出迎えたいという果てしない夢を、どう言葉で説明できるだろう。父は子供の頃にクジャクチョウを捕まえた腐りかかった橋の丸太も、川へ降りていく斜面も見せてくれたが、そういったときぼくが味わった感情を、どうしたら描写することができるだろう。父が自分の研究対象について語るときの一種独特の滑らかで均整のとれた語り口には、なんという魅力があったことだろう！　展翅板に触れ、顕微鏡のねじを回す指の動きは、なんと優しく正確だったろう！　そして父の授業からは、なんという本当に魔法のような世界が開けたことだろう！

（『賜物』同書。一部省略・改訳）

先生はこんな箇所で、「記憶」というものの神秘、その繊細な運動性とでもいうべきものに心打たれ、父親をめぐる少年期の回想をより豊かに羽ばたかせるエンジンとして蝶を登場させているのでしょう。「蝶」というものこそ、先生にとっての「記憶」の化身そのものだった、とぼくが直観するのはそうした理由からです。蝶の示す「変態」という本性は、そのときまさに「記憶」なるものの多様な変容と揺らぎを証明するものとなります。

ベルリンでの亡命時代、二七歳のときの先生の詩「蝶」の全文を訳してみました（先生の息子ドミートリイ・ナボコフ氏による英訳からです）。ぼく自身の少年時代の記憶、もっとも純粋な喜びの記憶とおなじものをたしかめるようにして。

……遠くからでもそれがキアゲハであるとわかった
明るい熱帯的な美しさは何も隠せない
草で覆われた斜面をさかんに飛びまわり

道端のタンポポに止まって休む
私の網が揺れ、モスリン生地がさらさらと鳴る
おお、黄色の魔性の蝶よ、なぜおまえは震えているのか！
わたしは怖れる
おまえの翅の縁にある鋸状の模様を傷つけないかと
おまえの黒くか細い尾を折ってしまわないかと。
あるいは、無数のウグイスのさえずる公園で
風のある暖かい昼下がり
私は陶酔したように立ち尽くしていた
深い青色の空に映えてほとんど深紅に見える
ふんわりとしたリラの花の香りにつつまれて
その花房にぶら下がって震えているおまえを見ながら。
キアゲハよ、黄金の翅をしたほろ酔いの客人よ
風はおまえとリラの房をともに揺らめかせていた。

おまえを狙う　だがリラの枝が邪魔をする
おまえはひらりと身をかわし、閃光のように飛び去ってゆく
うら返した捕虫網からは
花房のかけらだけがすべり落ちてきた。

(Vladimir Nabokov, "Butterflies," *Selected Poems*. New York: Alfred A. Knopf, 2012)

これ以上、何をつけ加えられるというのでしょう。

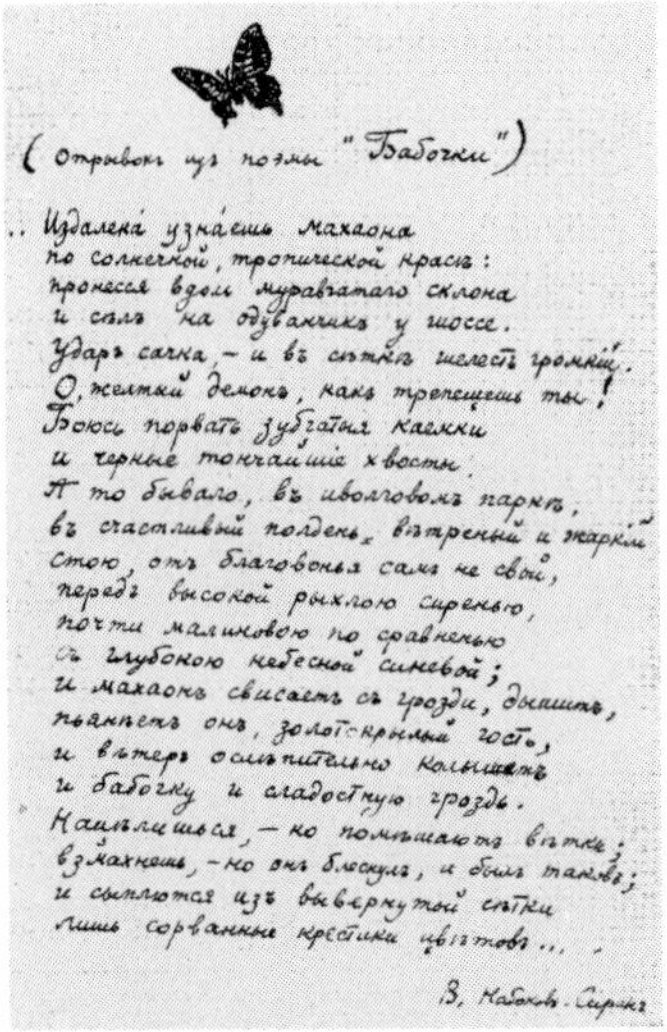
(Отрывокъ изъ поэмы "Бабочки")

..Издалека узнаешь махаона
по солнечной, тропической красѣ:
пронесся вдоль муравчатаго склона
и сѣлъ на одуванчикъ у шоссе.
Ударъ сачка, — и въ сѣткѣ шелестъ громкій.
О, желтый демонъ, какъ трепещешь ты!
Боюсь порвать зубчатыя каемки
и черные тончайшіе хвосты.
А то бывало, въ иволговомъ паркѣ,
въ счастливый полдень, вѣтреный и жаркій
стою, отъ благовонья самъ не свой,
передъ высокой рыхлою сиренью,
почти малиновою по сравненью
съ глубокою небесной синевой;
и махаонъ свисаетъ съ грозди, дышетъ,
пьянѣетъ онъ, золотокрылый гость,
и вѣтеръ ослѣпительно колышетъ
и бабочку и сладостную гроздь.
Нацѣлишься, — но помѣшаютъ вѣтки;
взмахнешь, — но онъ блеснулъ, и былъ таковъ;
и сыплются изъ вывернутой сѣтки
лишь сорванные крестики цвѣтовъ...

В. Набоковъ-Сиринъ

ナボコフ27歳のときの詩「蝶」のロシア語による自筆原稿。ナボコフによる躍動的なキアゲハの挿画が楽しい。友人の鱗翅学者ニコライ・カルダコフに送られたもの

ここには蝶を追い続けた者の、至福の感覚のすべてが語られています。同時に、ここには「記憶」そのものの敏捷《びんしょう》な運動、その変化《へんげ》の力、その捕獲しがたい神秘も暗示されてはいないでしょうか。小説とは、記憶のほんとうの核心を取り

逃がしてしまった、けれど記憶の影を宿すあの花房のかけらなのです。いままで、キアゲハがそのストロー状の口吻で蜜を吸っていた気配を残した……。消えた蝶とともに、ぼくはそんなちぎれたリラの花房を心から愛でます。

小説『賜物』とさまざまな点でこだまし合う記述を含む先生の自伝『記憶よ、語れ』も、ぼくの愛する一冊です。ヨーロッパから亡命後にアメリカで英語で書かれ、ついで自ら改訂しながらロシア語に翻訳し、さらにそれをもういちど英語で書き直した、重層的な執筆の経緯をもつ自伝です。伝記的記述といわれるものの曖昧さや謎や繊細なゆらぎを隠さない、一人の実験的な小説家による、造話的自叙伝。記憶そのものに自由に語らせようとするそれは、作者の側から言うフィクションとノンフィクションといった恣意的な区分を超越したテクストでもあります。

なかでも『記憶よ、語れ』の第六章は、先生の少年期における蝶への情熱を語る特別の章です。先生はそこで、とりわけ小さいときから惹きつけられたのが、昆虫特有の「擬態」と呼ばれる現象、その神秘性だったと書かれています。いうまでもなく、擬態とは一つの種が別の存在に自分の姿を似せることで自分を隠したり、逆に目立たせて威嚇したりする現象のことで、とりわけ昆虫界にたくさんの事例を見出すことのできるメカニズムです。けれど先生は、「擬態」なる現象の科学的、進化論的な解釈ではなく、その「芸術的完成度」にとらえられました。たとえばシャチホコガの幼虫の例を先生は挙げています。シャチホコガの幼虫はガサガサしたいくつもの付属突起物をつけ、蛾の幼虫にしては長すぎる脚をもち、なんとも奇怪な姿をしています。頭部は巨大なアリのような外見で、それが身もだえする幼虫をいじめているようにも見え、まるで一人で二役を演じるアクロバットのようなのです。天敵が襲う前に、すでに自分が誰かに襲われている姿に似せて、敵が近づくことを諦めさせてしまう。こんな凝ったことをする虫はなかなかいませんが、あまりにも見事な擬態の例です。

あるいはコノハムシという、文字通り木の葉にそっくりの姿をした不思議な昆虫の擬態も精巧です。餌であるグアバやマンゴーの緑色の葉にそっくりの平たい虫で、止まると翅脈も葉脈とぴったりかさなり、さらに脚に飾りのようについたヒレはまるで小さな若葉のようです。さらに翅には葉と同じような切れ込みや、ごていねいにも幼虫に食われてできた穴に似た模様まであって、どこまでやるの、と突っ込みたくさえなります。茶色い枯葉に完全に擬態した蝶や蛾も多く、ヤガの一種のアカエグリバや、コノハチョウの一種イシドラマドコノハなどは、木の幹にとまっていれば、柄のついた茶色い枯葉そのものにしか見えません。風に木の葉が揺れるように、微妙に身体を揺らしながらとまる習性をもった種もいたりして、その擬態的習性は想像を絶するほど精巧です。先生は、こんな見事な擬態の例を挙げながら、自伝でこう書かれていました。

ダーウィン流の「優良なものが生き残るという功利的な」「自然淘汰」説では、こうした模倣的図柄や偽装的行動にみられる奇蹟のような合致を説明することができない。しかも「生存競争」理論に訴えるわけにもいかないのは、保身のための仕掛けとされる擬態があまりに細かく見事だからである。こうした擬態は、ほとんどはちきれんばかりの豊かさ、贅沢さの域に達しており、その精妙さは外敵である捕食者の認知力をはるかに超えていると言うしかない。私が自然に見出したのは、私が芸術に求めた非功利的な喜びだった。どちらも一種の魔法であり、どちらも手の込んだ魅惑と詐術のゲームなのである。

（Vladimir Nabokov, *Speak, Memory: An Autobiography Revisited.* New York: G.P. Putnam's Sons, 1966, p.125. 私訳）

合目的的・功利的な視点で擬態を説明するのではなく、その芸術的な完成度をめぐる驚異を梃子に、無目的的な機知の存在を自然界に認めること。それは結果として、人間の想像力そのもののなかにある自然、その驚異を肯定することにつながります。そういえば、ジョン・ケージにとっての音楽とキノコもそんな関係にありました。キノコの見せる沈黙、その驚嘆すべき形態の変異、毒を持つか持たないかの偶然性。ケージはそこに、音楽というものの本性を発見したのです。そして不思議なことに、"Mushroom"と"Music"とは、辞書でも「偶然」に隣り合っていました。

先生から教えられたことでとても大切なことを最後に書いておきたく思います。それが「虫採り」と「孤独」とのあいだの深く豊かな関係についてです。先生が自分のたび重なる移住と亡命・帰化生活を振り返ったとき、どのような場所にあってもいちばん幸せな思い出がつねに蝶の採集行だった、と回想されているのを読むとなぜか嬉しくなります。文学を天職とする者にとっての最大の幸福の記憶。それが小説という果実ではなく、昆虫採集という無私の行為に捧げられているからでしょうか。そこには生をいとなむことの喜びを、自分の中心にではなく外界へと開くおおらかさがあります。「私はさまざまな土地でさまざまな格好をして蝶を追いかけた。ニッカーボッカーと水兵帽の麗しい少年だったこともあれば、フランネルのズボンにベレー帽という格好のひょろりとしたコスモポリタンの亡命者

捕虫網を手にスイスのヴィドマネット山で蝶を採集する72歳のナボコフ（1971年8月）

だったこともあるし、半ズボンをはいた無帽の太った老人のこともあった」。自伝のなかのこんな回想は、一見自分のことを語っているようでいて、じつはひとり捕虫網を持って蝶たちの世界に浸透していくおのれの姿を外から眺め、内向きの「自己」への思い込みから爽やかに解放されていった自由の記憶を反芻しているように思われるのです。

そのうえで先生は、昆虫採集に没頭する自分のなかに「一人きりになりたいという激しい願望」があったと書かれています。たしかに、ひとたび野原に出れば、蝶と自分とのあいだの関係には誰も入り込むことはできず、昆虫採集とは原理的にいえばたった一人でしか成立しえない行為です。それは豊かな孤独を条件にして成立するものであり、逆にいえばそのような孤独を求める者こそが昆虫の世界へと自然に引き寄せられるのかもしれません。先生の一四歳のときのこんな屈折した記憶は、ぼくにも思い当たるところがあります。その夏、先生の家に同年の大好きな友人がやってきて、数日間滞在することになります。けれど先生は、彼と一緒に楽しく遊ぶことがもたらすある種の鬱陶しさを予感し、そこから逃れたくなって、昆虫採集の道具を持って一人で家を抜け出してしまうのです。

朝食もとらず、あわてふためくように私は捕虫網と薬品、殺虫管をそろえ、窓から抜け出した。いったん森のなかに入ると、少しほっとした。けれど私は歩きつづけ、やがてふくらはぎがぷるぷると震えはじめ、目は後悔の涙でいっぱいになった。恥ずかしさと自己嫌悪で全身が引きつったようになりながら、細長く青白い顔をした友人が暑い庭先でしょんぼりしている姿を思い浮かべた。

(*Speak, Memory*, p.127. 私訳)

親しい友人と一緒になって遊びつづける放埒な快楽の刹那に、ふと感じる重苦しさ、わずらわしさ。馴れ馴れしさのなかで自分の感覚が水浸しになってゆくときの嫌悪感。ぼくにも、そんな気分から逃れるために、遊んでいた友人からそっと離れて消えてしまった苦い思い出が何度かあります。小さな嘘をついてしまったときのような悔悟の気分がずっと尾を引くように残りました。それでも「孤独」は、自分の世界を守り抜くためのかけがえのない、最後の拠点だったのです。先生にとってのそんな孤独の避難所ともなった昆虫採集への没頭を、先生は少年時代の「悪魔《デーモン》」だった、とも書かれていましたね。デーモン、と言われるとなんだか恐ろしくもありますが、これをギリシャ語の「ダイモン」すなわち神と人とを結ぶ神霊のことだと解すれば、それは一人の少年の中にある、自分の意思を超えた「内奥の声」のようなものなのでしょう。その精霊の声に導かれて、先生もぼくも、たったひとり網を持って野原へ、森へと入っていったのです。こっそり消えてしまったという自己嫌悪で震えながら、ぼくたちの脚は、それでも「世界」の上に踏みとどまろうとしていたのですね。

一人きりになれること。これこそが、昆虫採集の最大の幸福の源なのかもしれません。そしてそんな華やいだ豊かな孤独を、たしかに少年期のぼくも求めていました。網さえ抱えていれば、独りぼっちになることの怖れなど、そこにはまったく存在しませんでした。乱舞する、生まれたてのウスバシロチョウを追いかけた、丹沢山麓の五月初旬の淡い緑の山里の明るい光が不意に脳裏によみがえります。白い半

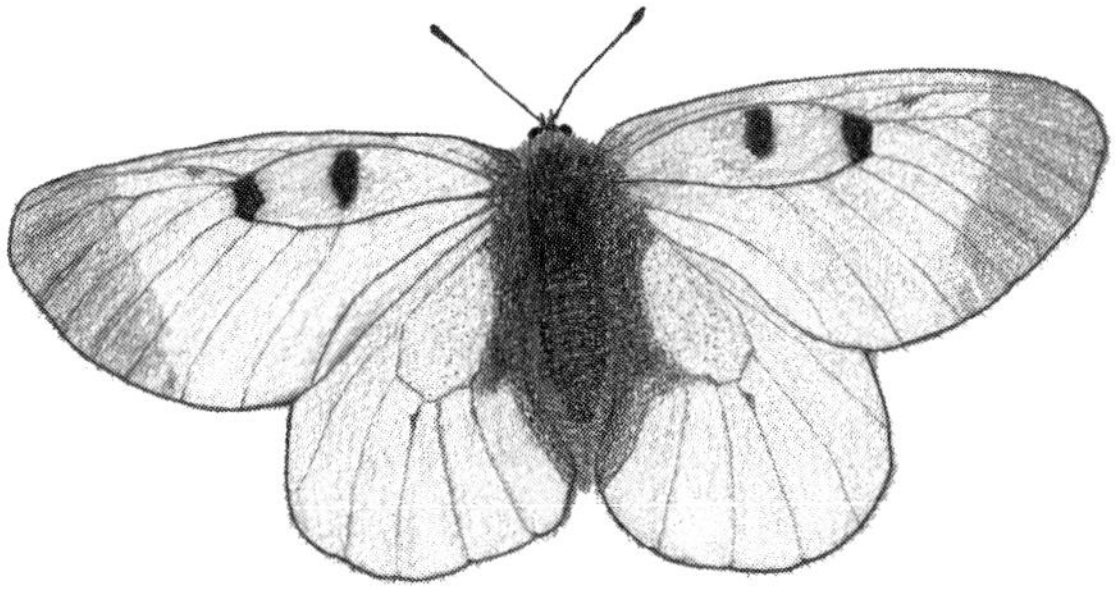

Parnassius mnemosyne
クロホシウスバシロチョウ

透明の翅のニンフたちは、たったひとり網を振るぼくの前で、優美に踊りながら生命の秘密をそっと教えてくれようとしていました。独りでいいのだ、孤独は豊かなのだ、という教えもそこに含まれていたでしょうか。

ナボコフ先生も特別に愛したウスバシロチョウ。自伝『記憶よ、語れ』を書かれたとき、先生はその本のタイトルを、はじめ“*Speak, Memory*”ではなく“*Speak, Mnemosyne*”と名づけようとされましたね。「ムネモシュネよ、語れ」というタイトルは、ギリシャの記憶の女神ムネモシュネを暗示するものでしたが、その裏には、“*Parnassius mnemosyne*”の学名をもつクロホシウスバシロチョウのあえかな存在感が隠れていました。クロホシウスバシロチョウは、一三歳のときの先生が採集に行ったオレデジ川の川岸で、チョウではなく一人の可憐な少女が裸で川遊びするのをそっと目撃してしまった特別の経験によって、思春期の鮮烈な記憶を象徴する至上の意味を与えられた蝶でした。だから先生の自伝の背後には永遠に、この希少な古代種としてのクロホシウスバシロチョウが可憐に飛んでいるのです。

「もし幸運が卵を産んでくれたら、今年の夏はコロラドあたりに行こうと思っています」。先生の手紙にこんな洒落た表現を見つけました。ぼくもこう言いましょう。もし幸運が卵を産んでくれたら、先生の記憶の聖地、オレデジ川の河畔にこの夏は行こうと思います、と。もちろん、あのムネモシュネの女神を探しに。

コノハチョウの共同体

五十嵐邁先生へ

五十嵐邁《すぐる》先生。先日、心の奥底からわきあがる懐かしさとともに、先生の遺された蝶の壮大なコレクションを見に、東大総合研究博物館にある鱗翅類の標本収蔵室を訪ねてきました。先生の収集された、一万点ちかくにもおよぶ目も眩むような美麗なアゲハチョウ類の希少な標本。それらが先生独特の細心の配慮とともに並べられた重厚なドイツ製標本箱の数々を手にとって見るのは、何十年ぶりのことでしょうか。青年時代、先生の自宅をはじめて訪問し、四方の壁にびっしりと並ぶあの標本棚の偉容の前でぼう然と立ち尽くしていたときから、数えてみたら四三年が経っていました。それでもいま、収蔵庫に漂うナフタリンの臭いのなかでおなじ蝶たちの標本と向き合うと、経過した時間はあっという間に消え去ってゆくようです。なにかとても懐かしく貴重なものが、ぼくのかたわらにそっと近づいてくるのが分かるのです。それは、記憶、と呼んでしまうにはあまりにも生き生きとした何かです。

この博物館に寄贈された先生のコレクションの前に立ち、テングアゲハやシボリアゲハ、シロタイスアゲハやルソンカラスアゲハなど、先生がインドやブータンやシリアやフィリピンでその未知の生活史の解明に情熱を傾けられたり、新種登録されたりした希少な蝶を眺めながら、ぼくは先生にあらためて畏敬の念と、深い感謝とを感じざるをえません。先生によって媒介された一つの出来事は、ぼくにとって昆虫にかかわるもっとも鮮烈な体験として、いまも生々しく身体に刻まれているからです。それは「ぼくの昆虫学」にとっての、もしかしたら頂点をなす出来事だったといってもいいかもしれません。雌の成虫を採集し、卵を産ませ、孵化したら食餌植物を特定して与え、小さな幼虫を終齢まで育て、蛹化を観察し、蛹からの成虫の出現を待望し、最後に羽化を見届けるという、蝶の生活史の完全なサイクルの実証的な追跡と写生による記録。この、先生が誰よりも熱心に没頭しながら続けられた、蝶の生活史の解明にとって不可欠の方法である「飼育」という行為の面白さと重要性を、先生はぼくに実際に作業を促しながら伝えてくれたのです。先生への感謝を込めて、その鮮烈な思い出についてここでいま語り直してみようと思います。

それは大学生時代のことでした。ぼくはその頃、夏は毎年南アルプスで小屋番やレインジャーの仕事をしながら、昆虫や山への没入から少し距離を置いて、文明社会の中心を離れた世界の辺境に住む人々、とりわけアメリカ大陸の先住民たちへの関心をかきたてられていました。人類学、という経験科学の魅力が、ぼくに向かって少しずつ近づいてきていたのです。それはなによりも「未知」への好奇心、そして自分と異なる存在や事象への関心によって裏打ちされたものでした。ぼくの家は海辺にありましたが、毎日のように遊んでいたあの親しい砂浜から見える水平線の彼方、海のはるか向こう側に、いったい何があるのだろうか、といつのころからか夢想するようになっていたのです。そんな好奇心は、大洋の対岸で生を営んでいる野生の人々への関心を呼びだしました。これは経験的な学問をつうじて探究してゆくほかないテーマなのだ、とぼくはようやく確信しはじめていたのでした。

奄美から沖縄・八重山にいたる琉球弧の島々がぼくにとって重要な意味を帯びてきたのもそうした経緯からでした。大学四年生になり、どんなふうに現実社会で生きてゆくかの見通しもないままに、ぼくはついに熱望していた南の島々への旅を実現しました。沖縄の本土「復帰」から六年が経ち、人の行き来は自由になっていましたが、那覇の街を往来する自動車はまだ右側通行のままで、場所の感覚が宙吊りにされるようでした。人々の顔つき、服装、ことば、そして占領の痕跡をあちこちに残す風景……。はじめての沖縄は、ぼくの生きてきた戦後社会とはあきらかに異なった歴史を背負っているように見え、その違いはぼくにとっては違和感というよりはるかに刺戟として感じられました。内なる異邦、といえばいいでしょうか。

ぼくは内心、「日本」と呼ばれている領土を、その南西の外れから振り向くようにして、まったく別の視点から眺めてみたいと考えていたのでしょう。沖縄本島から基隆《キールン》行きのフェリーに乗って石垣島で降り、そこから揺れる小船で与那国島にたどり着いたのも、そんな思いがあったからです。与那国島の西崎《いりざち》、かすむ台湾を遠く望む断崖の上に広がる茫洋とした岬の突先で、「日本最西端」という碑文を見ながら、ぼくはそれまで経験したことのなかった「国境」という場所、ひとつの小さな「世界」の臨界に立っていました。それまで生きてきた世界がなぜかとても形式的なものに思え、自分の生命はこの海の向こう側にもおなじようにひらけているのだ、という奇妙な解放感をもったのです。

そんな自由な心持ちになったぼくは、与那国島から石垣島へとふたたび渡り返しました。エメラルドの海と緑の原生林は、新しい輝きを発散していました。この島旅にも、もちろんぼくは捕虫網をかかえてきていたのですが、すでに蝶を採ることよりも、その年に刊行された新川明の『新南島風土記』で語られる「孤島苦」の歴史や、それに拮抗する豊かな神話世界のほうに強く惹かれはじめていました。けれどもここで、蝶の女神による幸運の配剤ともいうべき、おもわぬ偶然が降りかかるのです。石垣島のサトウキビ畑を散歩していたぼくの前に、一羽の、初めて見る亜熱帯の蝶が現れたのです。コノハチョウでした。ぼくはその、枯れた木の葉にみご

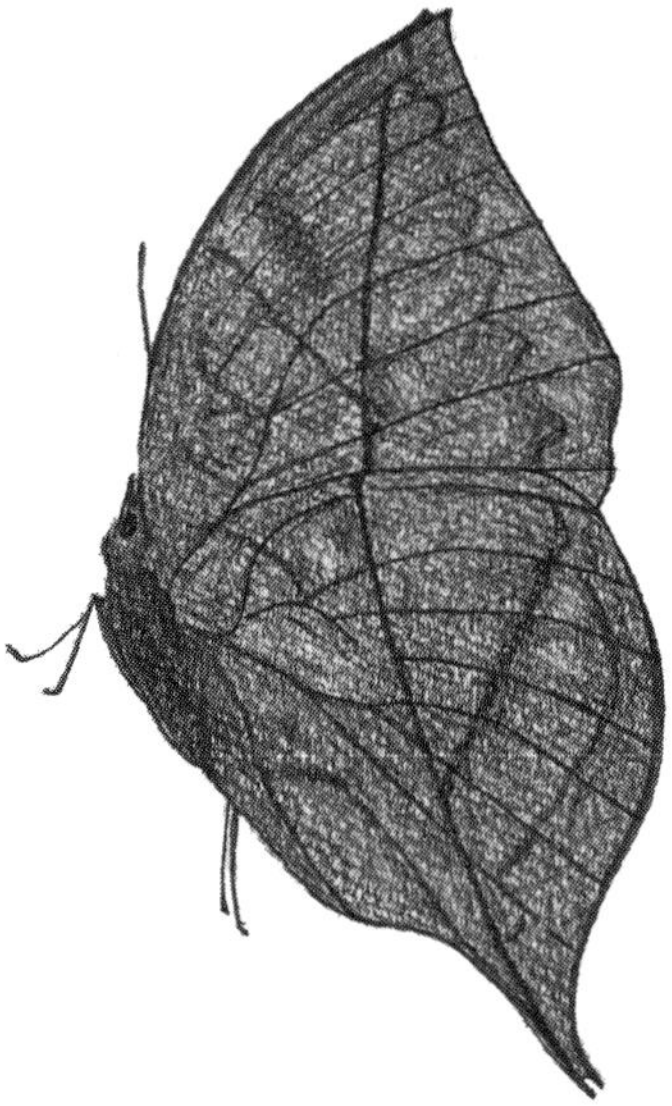

Kallima inachus
コノハチョウ

とに擬態した翅の裏面からきらりと漏れ出る青とオレンジの前翅の輝きに魅せられ、枯れたサトウキビの根元に蠢いているかもしれない毒蛇ハブへの怖れなどすっかり忘れて、夢中で網を振りながら追いかけました。やがてずしり、と太い胴体が網のなかに収まる気配がし、興奮とともにおそるおそる取りあげてみたコノハチョウは、かなり翅の傷んだ雌だったのです。

それでも、コノハチョウの初採集はぼくにとって大きな出来事でした。この個体は、どれほど傷んでいても、やはり家に持ち帰って記念として標本にしたいという気持ちが自然に芽生えました。ぼくはその雌の胸部を指でごく軽く押して動きを止め、三角紙にすばやく入れました。この日は他にもイシガケチョウやツマベニチョウ、シロオビアゲハやツマムラサキマダラ、といった未知の蝶をつぎつぎに採集することもできて、少年時代から憧れていた南の島の蝶への憧れは充分に満たされていったのです。

沖縄への旅から戻って数日後、採集した蝶たちの標本づくりにとりかかっていたぼくは、驚くべき出来事を発見します。なんと、あの、殺さずにいた雌のコノハチョウが三角紙のなかに卵を五つ産んでいたのです。半透明の淡い緑色で白いすじが縦に幾本も入った、小さな丸い翡翠のように美しい卵でした。このときの感動と驚きは、いまもよく覚えています。けれど、わが家の庭で飼育してきたキアゲハやアオスジアゲハとちがって、南の島の蝶の卵を自宅で孵化させ、飼育するなどということは想像も及ばないことでした。そもそも食草のオキナワスズムシソウなど、沖縄以南にしか生えていない植物です。うろたえているうちに一週間ほどが過ぎ、五個の卵は暗緑色になり、ある日、細毛におおわれた黒い頭の幼虫がみごとに五匹誕生してしまいました。

非常事態です。わが家はまだ肌寒い三月のなかば。早春の草地は枯れ色で、近所にはろくな草も生えていません。家で園芸種として育てていたアカンサスが、オキナワスズムシソウとおなじキツネノマゴ科の植物だと知り、与えてみましたが、どう考えてもアカンサスのあの堅く分厚い葉にこの小さな幼虫がかぶりつくことはありえないように思われました。

困ったぼくは父に嘆願しました。父の会社の同僚で、アゲハチョウの世界的権威としてすでによく知られていた五十嵐先生に助言をもらいたい、という最後の手段です。父はすぐに先生に話をしてくれたようで、次の日曜日、先生からぼくに電話がかかってきました。ぼくが状況を説明すると、先生は朗らかな声で笑いながら、「わかりました。食草をなんとかしますから、もう数日がんばって幼虫を生かしておいてくださいね」と言って電話を切られたのです。なぜかとても自信あり気な口調でした。

それから数日後、わが家に、税関を通り抜けた仰々しい書類がはりついた、海外からと一目でわかる大きな段ボール箱が二つ、ドサリと届きました。それは台湾から空路で送られてきたもので、びっくりして開けてみると、そこからはあおあおと光るオキナワスズムシソウの葉があふれ出てきたのです。ぼくは目を丸くし、出来事の意味をようやく理解し、なによりまずコノハチョウの幼虫を救おうと、生き残っていた三匹にみずみずしい若葉を与えてみました。すると、葉の上に気持ちよさそうに並んだ小さな幼虫たちは、これこそ自分の待っていた食べ物だと確信したように一斉に食べはじめたのです。その反応の早さ、そしてその食べ方の勢いに、ぼくは圧倒される思いでした。生命の糸をつなぐことができた、という計り知れない嬉しさと安堵感もありました。

ぼくは家の冷蔵庫をほとんど占領するようにして、オキナワスズムシソウの葉に霧を吹きかけてビニール袋に分けて入れて保存し、毎日少しずつ幼虫たちに与えていきました。それから二ヶ月ほどのあいだ、ぼくはほとんどどこにも出掛けずに、日々コノハチョウの飼育に集中しました。シャーレの幼虫たちの食欲はどんどん旺盛になり、脱皮してはますます元気に動き回り、飼育瓶に移しかえると黒く精悍な角を誇示するようになり、一ヶ月半ほどで五齢幼虫となりました。まもなく小さく縮こまって枝にぶら下がったまま前蛹となり、動きを止めて蛹になります。黒い大きな蛹でした。それから三週間ほどでしょうか。蛹が透き通りはじめ、中からオレンジ色の帯がうっすらと見えてくるのです。まもなく羽化です。翌日、暖かくなりかける午前の日溜まりのなかで、コノハチョウたちはつぎつぎと羽化していきました。蛹を破る「パリッ」という音があたりに響き、天上界の霊妙な音楽を聴いているようにも感じられました。雄が二頭、雌が一頭。ぼくの稀なる南島の蝶の「飼育」は、みごとに成功したのです。

先生の忠告に従って、ぼくは卵の孵化から成虫の羽化までのすべての段階を、定規を画面に入れて日々写真にとり、それらをまとめて先生に報告がてら見せに行きました。コノハチョウ三体の標本も大事に抱えて。それが先生のお宅で、あのアゲハチョウの標本コレクションに圧倒された、はじめての訪問でした。先生はぼくの写真記録を丹念に見て優しい微笑を浮かべながら、よくやりましたね、と褒めてくださいました。五十嵐先生に認められることほど嬉しいことはなく、ぼくは有頂天でしたが、同時に、この「成功」はひとえに台湾から届けられたあの新鮮なオキナワスズムシソウの葉のおかげであることに深く感謝していました。

すると先生はその経緯について教えてくれました。ぼくのSOSの電話を受けて、すぐに台湾の蝶仲間に連絡したこと。彼らがただちに山に行ってオキナワスズムシソウの葉を集め、ぼくの家に直接送ってくれたこと。通関が容易にできるように、いろいろと配慮してくれたこと……。五十嵐先生が、さまざまな海外の蝶を自宅で飼育されるときの、きっと習慣的な方法ではあるのでしょう。今回はそれがぼくにも分け与えられたことで、ぼくはアジアの各地に点々と存在する昆虫愛好家たちの強い絆について知ることになりました。そして、蝶仲間たちの、相互の無私の協力によって昆虫の研究が下支えされていることも。

コノハチョウの共同体。そうぼくは呼んでもいいように思うのです。たった一匹の、翅を傷めて飛んでいたコノハチョウの雌が、死の間際に卵を産むことで、そんな美しい無私の共同体がたしかに存在することをぼくに教えてくれたのです。先生の壮大な図鑑『世界のアゲハチョウ』（講談社、一九七九）に結実する仕事のすべてもまた、こうしたアマチュア研究者たちの共同体に支えられた、一人の情熱的な探究者による傑出した成果だったのです。

先生はぼくに、先生が少年時代からもっていた「完全図鑑」への憧れを熱く語ってくれましたね。先生が決定的な影響を受けた、イギリスの鱗翅学者フレデリック・ウィリアム・フロホークの『英国産蝶類生活史』（ロンドン、一九一四）の二巻本がいまぼくの傍らにもあります。これは英国産の蝶六四種の卵、各齢幼虫、蛹、成虫、そして食草の姿まで、すべてを精密な水彩画で描いたもので、世界ではじめ

フロホークによる『英国産蝶類生活史』（1914）の一ページ。ここにはマキバジャノメ *Maniola jurtina* の卵、幼虫の各段階、蛹、成虫の採集地による変異、等がすべて描かれている

ての、蝶の生態の全ステージを細密画によって網羅した図鑑でした。とくに驚くべきは、幼虫の体毛を一本ごとに精確に写生しているという点で、それは種の進化を知るうえで欠かせない要素として「毛相学」という研究分野も生みだしていました。先生の、日本産の蝶の「完全図鑑」をつくろうという情熱は、そんな西欧の毛相学者たちの専門論文にまで果敢に踏み込んでいこうとするものでした。先生は、自伝的ノンフィクション『蝶と鉄骨と』でこう書かれていました。

私はそれらの人々の論文をことごとく読みこなした上で、顕微鏡の下の幼虫と対面した。たった五ミリメートルのアルコール漬けの幼虫も、一〇〇倍の顕微鏡で拡大してみると、鋼のような剛毛で武装された荒々しい恐竜にも似た生命体であった。そこにはまだ人類が生まれない遥かな太古の昔から彫り込まれたさまざまな地球の歴史が、きびしい姿で立ち並んでいた。いくら眺めていても解ききれそうもない、網目のような法則がレンズの下に張りめぐらされているのが覗かれた。（これはまさしく未知の世界への入口だ。自分の眼のすぐ下にありながら、それは天体であり宇宙だ）。顕微鏡から離した目をこすりながら、いま心に生まれたばかりの興奮の底で私はうめいた。

（五十嵐邁『蝶と鉄骨と』東海大学出版会、二〇〇三。原文改行省略）

こんな啓示のような感動に打ち震えながら、先生は何枚も何枚も下描きを破り捨て、時間をかけてようやく欠点のない写生図を一枚描き上げました。たった一種類の蝶の一齢幼虫一体を描き上げるのに五日もかかってしまったことは、これから何百種類もの蝶の「完全図鑑」のために写生図を描きつづけようと決意した先生にとって、気が遠くなるような道のりを想像させたでしょう。けれど、これまで偉大な図鑑を自力で仕上げた世界の博物学者もみな、同じ最初の「絶望」を抱いたにちがいない、と先生は考えました。そして、こう結論づけたのです。あの博物学者たちが困難を克服できたのは、ひとえに、彼らが研究の対象物を何よりも好きだったからだ、と。その「好き」であるという一点が、すべてを突破するためのもっとも重要な原動力になったのだ、と。

ぼくがコノハチョウの飼育に成功し、コノハチョウという種の「完全」な生活史を自分の手で確かめた翌年の秋、先生の驚くべき完全図鑑『世界のアゲハチョウ』（講談社）が刊行されました。南米とアフリカを除く世界全域のアゲハチョウ一二一種の、成虫の雌雄や変異種の写真図版とともに、自筆による全幼生期の克明な写生を網羅した空前絶後といっていい大図鑑です。刊行直後、図版編と解説編に二分冊されたその箱入りの大型本を先生はぼくに贈ってくれました。いまだにぼくの昆虫本のなかの最高の宝物の一つです。これらの、卵や幼虫や蛹の精確で美しい絵に感嘆しながら見とれるうちに、いつも思うのは、この壮絶ともいえるほどの情熱と傾倒の由ってきたる源泉は何なのか、ということです。

ぼくは、先生の昆虫にかける純粋で無私の情熱、その真のアマチュアリズムのもつ、「内なる力」とでもいうべきものに強く惹かれていたのだと思います。先生は、大学で工学を専攻し、卒業して大手の建設会社に長く勤め、取締役まで務めたエンジニアでした。けれども先生の回想によれば、入社して設計課に配属され、定規で図面を描きはじめたころから、直線の交差だけの無機的な空間をつくる仕事にどうしても馴染めなかったようですね。自伝で「蝶にはどれも奥深い彩りがあり、どこをとっても複雑な曲線があった。自然から与えられたこの複雑な美から製図板への転換は、生活のためとはいえひどく味気ないものに感じられた」と書かれているのは、正直な告白です。多忙な仕事の合間を縫って、少年期からの夢だった先生の蝶の探究は継続されていきました。一ヶ月に二日しかなかった建設現場での休日。このわずか二日を、先生は疲労困憊した身体をだまし、眠い目を擦りながら、幼虫や蛹の克明な写生に費やし、我を忘れて没頭しました。海外の土木現場での困難な仕

五十嵐邁によりインドで採集・飼育されたものを含むテングアゲハの成虫・蛹殻の標本（東京大学総合研究博物館［The University Museum, The University of Tokyo］蔵）

事をあえて買って出て、短い休暇の間にシリアやイラク、イランで希少な蝶を探索しました。

　蝶が示す奥深い美しさを先生は愛し、その愛が先生の真のアマチュアリズムを支えました。この場合のアマチュアとは、単なる非専門家・非職業人という意味ではありません。それはなにより、経験から地道に出発する簡素で地に足をつけた知を大切にする人のこと。それはおそらく西欧的学問の厳格な専門性を相対化し、その理論的範型からときに逸脱して、経験的・具体的・自発的な民衆知にもとづいて世界像を拡大する意思をもった人のことです。

　六一歳のときついに会社に辞表を出し、退社一〇日後には、もうインド、ダージリン郊外のタイガーヒルに立って、まだ幼虫も食草も発見されていない幻のテングアゲハを追いかけていた五十嵐先生。自分の世界ではなかった建築業界でのあらゆる惨めさと自己嫌悪の思いを振り捨て、これからは蝶の世界に専念し、恥じない「しごと」をしようという決意。この「しごと」こそ、プロフェッショナルな「仕事」とはちがう、アマチュアリズムの営為、愛おしさの感情に支えられた生の無償の「いとなみ」のことです。

蝶を「好き」であることでは誰にも負けなかった先生。謎だったテングアゲハの生活史を解明する歴史的瞬間は、退職の翌年にタイガーヒルで訪れました。夢のような心持ちでついに雌を捕獲し、そこからの採卵にも成功し、ついに孵化した幼虫にたいし、試みにキャンベリー・モクレンの葉を与えて、小さな幼虫がその葉をもりもりと食べだしたときの深い感動。さっそく先生の克明な写生が始まります。幼虫は脱皮を繰り返し大きくなり、テングアゲハの堂々たる存在感をすでに発散しかけています。

私はビール瓶にキャンベリー・モクレンの枝をさし、これに大きな幼虫をとまらせて写生を続けた。幼虫は無心にパリパリと音を立てて大きな葉を食べている。時折、ポツンと大きな音を立てて黒い小豆粒くらいの糞を私が写生しているケント紙の上へ落とす。その音の響きを私は（ああ、テングアゲハの糞の落ちる音。何という豊かさだ）と受けとめる。そしてケント紙を傾け灰皿に転がし落とす間も（このような生活を幸せというのだな）と考える。それから（そうだ。杉の幹を流れる樹液の音を松方君に聞かせねば）と思いつく。翌日、二人は杉林に入っていった。
（『蝶と鉄骨と』原文改行省略）

テングアゲハの幼虫を克明に写し取り、糞が転がる音にさえ生命の豊かさを聞きとり、自然と自分自身とが共有している「いのち」の源泉に思いをはせながら、先生の満ち足りた小さな至福がここに美しく、また飄逸に描写されています。二〇年近くにわたった、タイガーヒルでのテングアゲハ探究の困難だった道程の終着点で、先生は、むかしこの地の杉林のなかで聞いたサーッという幽かな音、杉の幹の導管か仮導管のなかを登ってゆく樹液の神秘的な摩擦音の記憶を想起し、ふたたびそれを聞くために林へと入ってゆくのです。テングアゲハを通じて、流れつづける全生命のたゆまぬ営為と自らがついに連なったことを確信するために。

コノハチョウの卵から成虫までを見届けた、ぼくのあの我を忘れた観察の日々にも、生命の神秘の摩擦音がきっと聞こえていたのでしょう。そしてぼくはその音を、生涯手放さないで生きよう、と決意したのかもしれません。それこそ先生と蝶の共同体による、かけがえのない教えの賜物でした。

ハンミョウの流浪

安部公房先生へ

安部公房先生。生前にお会いすることはなかったにもかかわらず、ぼくは先生に不思議な縁を感じてきました。青年時代から、先生の小説の熱心な読者であったことはもちろんですが、それ以上に、ぼく自身の人生の分岐点ともいえるようなところに先生の影が不意に現われて、暗示的なメッセージを送ってくれた瞬間が幾度もあったように思うのです。まるで、先生の小説に登場する巧妙に仕組まれた伏線のように、ぼくはその謎めいた暗示をなにかの前兆として受けとめ、先生が指さす未知の荒野の彼方に、自分の歩むべき道を探ろうとしてきたような気がするのです。

とはいえ、もちろん、先生にぼく自身の彷徨《さまよ》いにみちた生の転変の責任を負わせようなどというつもりは、まったくありません。すべては、常人とおなじ生き方を選べなかった者の、一方的な思い込みにすぎないのですから。でも、先生の小説はぼくに、通い慣れた道を踏み外す勇気をたしかに与えてくれたのです。

公房先生の傑作長篇『砂の女』（一九六二）を夢中で読んだ頃のことは忘れようもありません。出版後一〇年、ぼくが一七歳ぐらいの頃だったでしょうか。何度も読み返しました。地味な風情の男が、訪ね来た砂丘の村のアリジゴクのような穴に引きずり込まれ、砂の湿気と圧で朽ちかけた家に訳もなく拉致監禁されてしまう。出口なしの状態にたいする必死の抵抗の果てに、最後はその境遇をしずかに受け入れてゆく。意表をつく不条理な展開の物語に、まずは度肝を抜かれたことを憶えています。砂中の家に住みついてしまった男はそのまま外部の誰からも発見されることなく、法律にもとづいて失踪者宣告を受け、社会的存在としては消えてしまいます。そんな人がじつはこの世にたくさんいるのだろうか？　孤絶した都市生活からの脱出というテーマ、その脱出の究極の不可能性というテーマが背後にあることは感じとったのだと思いますが、作品のそうした寓意的な意味よりもまず、砂の穴にとじ込められる奇想天外なプロットや哲学的で諷刺的な文体、陰翳にとむ心理描写といった小説言語の力に、圧倒されたのだと思います。

そのうえで、この作品にはぼくの昆虫への愛着を別の角度から揺さぶる、魅力的な仕掛けがほどこされていました。なぜ主人公の男が砂のなかに埋もれたような田舎の村へと向かったのか。その理由を説明するために、先生は、砂地に棲む珍しい昆虫を求めて男が砂丘地帯を訪れたのだ、という冒頭の設定をつくられました。男の失踪のきっかけが、想像力をたくましくさせる物語を生むであろう、都会からの逃亡とか、心中とか、誘拐とかではなく、たんなる趣味的な昆虫採集のためだったという拍子抜けするような設定をあえて選ぶことで、先生はこの小説に俗っぽい心理学的解釈が入り込む余地をあらかじめ消し去ったのです。そんな通俗心理の空白地帯に広がる、より不条理な精神の荒野に近づくために選ばれたのが、それじたいいかなる心の産物でもない、無機的な砂であり、人間ならざる昆虫でした。砂と虫。そしてこの二つの即物的な存在の交点にいるもの、すなわち砂地に棲む典型的な昆

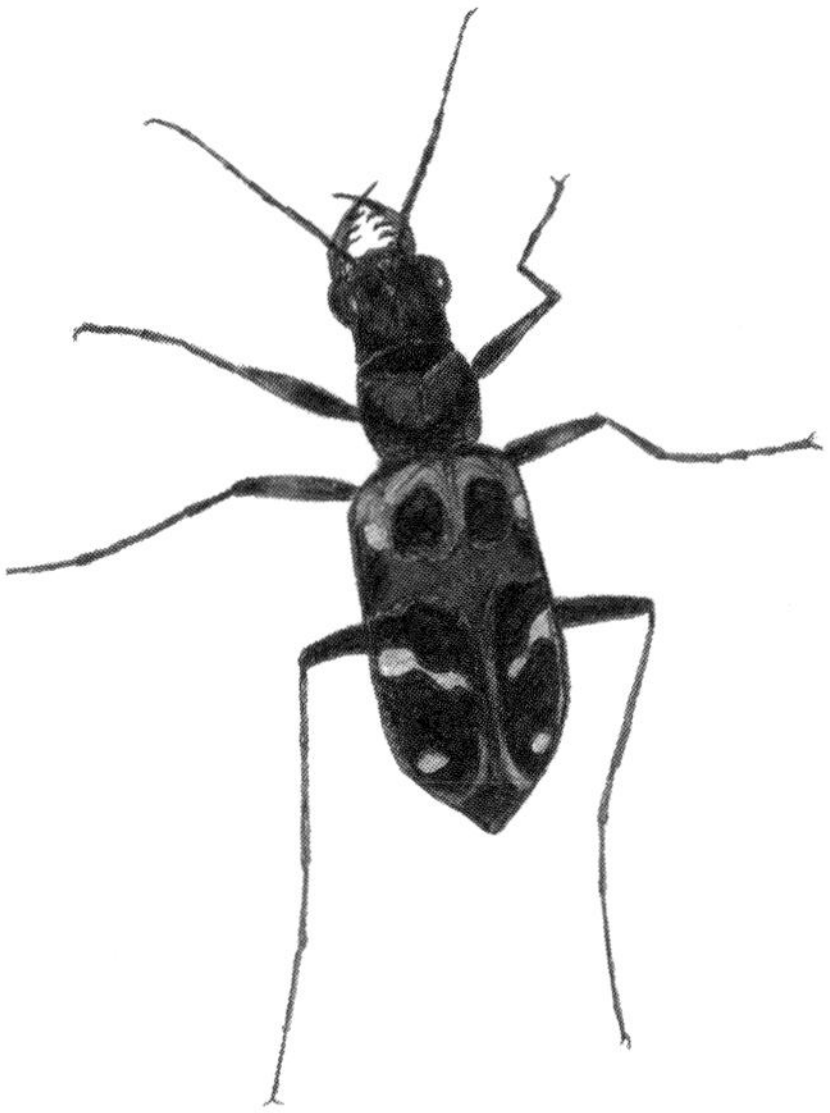

Cicindela japonica
ナミハンミョウ

虫こそ、男が長年追い求めてきたとされるハンミョウだったのです。

『砂の女』の主人公の男の旅の目的とされた鞘翅目のハンミョウ類は、甲虫のなかでも独特の存在感を示す虫です。漢字で書けば「斑猫」。まだら模様の猫、ということですが、ビロード状の光沢のある藍色の翅には緑、赤、白の斑紋がちりばめられ、非常に色彩に富んだきらびやかな姿をしています。しかもその動きがなんとも敏捷で、かつ思わせ振りなのです。ぼくも幼年時代から海岸砂丘の近くに住んでいたので、日本のハンミョウ類の代表であるナミハンミョウ（*Cicindela japonica*）にはしょっちゅう出逢い、虹色に変化する胴体の美しさと独特な動きに魅了されていました。美しい虫なので捕まえようとするのですが、その瞬間さっと砂地の道を一〜二メートルほど低く翔んで巧みに逃げるのです。少し先の方にすぐに着地し、追いかけるとまた少し逃げてはこちらの様子を窺う、その繰り返しです。こうしていつまでもハンミョウのあとを追いかけてゆく羽目になり、だんだんと先方の詐術にはまっていることに気づきます。「ミチオシエ」という俗名もあるのですが、その動きは道を教えているというよりは、どこか未知の場所におびき寄せられていくような感覚です。追いかける相手に罠をかけるようにして、砂の上をなめらかに滑走する動きは、ハンミョウだけのきわだった特徴かもしれません。色彩の美しい姿ですが、頭部には不釣り合いなほどの鋭い顎がある肉食の昆虫です。ハエやコオロギやミミズ、ときにはトカゲなどの小動物でさえ、つい動きに誘われて巣穴から出て砂丘の奥へと迷いこんでしまい、疲労で倒れるとハンミョウの餌食になってしまうといいます。ぼくの少年時代の標本箱にも、苦労して捕まえたナミハンミョウやニワハンミョウがいました。でも、それらはどこか、他の虫たちの標本とはちがう、まったくの別世界に浮かんでいるようにも見えていたのです。

そんなハンミョウは、すでに先生の一九六〇年の短篇小説「チチンデラ　ヤパナ」（*Cicindela japana* ＝ニワハンミョウの学名）のなかに登場していましたね。この短篇こそ、『砂の女』へと結晶する小説の原型となった作品ですが、虫のラテン語の学名をそのままタイトルに据えた作品は、それだけでぼくにとって興味深いものでした。そして驚いたことに、先生の小説におけるハンミョウは、もはや昆虫というよりは、明らかに何か別のもの、哲学的な寓意を示す象徴となっていたのです。虫が一つの比喩として語られていることにぼくは驚き、その見立ての妙に魅せられ、昆虫を「見る」ためのより深い視点を教えられたように感じました。『砂の女』と重なる部分の多い「チチンデラ　ヤパナ」の方から、引いてみましょう。

（……）砂地の虫は、形も小さく、地味である。しかし、一人前の採集マニアともなれば、蝶やトンボなどに、目をくれたりするはずがない。彼等アマチュア採集家がねらっているのは、自分の標本箱を派手にかざることでもなければ、分類学的関心でもなく、またむろん漢方薬の原料さがしでもなく、ただひたすら新種の発見という、素朴で直接的なねがいだけなのだ。そして、長いラテン語の学名といっしょに、自分の名前がイタリック活字で、昆虫大図鑑に書きとめられること……（いちど登録されてしまえば、永久に書きかえられることのない、虫の名前……このうつろいやすい人生とくらべれば、なんという確実さであることか！）

（「チチンデラ　ヤパナ」『カーブの向う・ユープケッチャ』新潮文庫、一九八八）

ここで先生は「昆虫採集」という行為の奥にある密かな「夢」についてまず説いています。ハンミョウの新種発見、そしてそれによって学名のなかに自らの名を残す夢。たしかに少年時代のぼくにも、万が一の確率であるにせよ、そのような密やかな願望がなかったとはいえません。けれど先生は、それをたんなる功名心への傾斜と見るのではなく、むしろ本質的に移ろいやすいものとしての人生のなかに例外的に書き込まれる、永遠の「確実さ」としてとらえました。虫を追うことの果てに、そんな「確実さ」への道が存在している可能性など、ぼくには考えも及ばないことで、その背後にはとても屈折した人間の情念のようなものが暗示されているように思えてきたのです。生きることは、それほどに不安定で脆弱なものなのだろうか、とぼくは自問したものです。

映画『砂の女』（安部公房原作・脚本、勅使河原宏監督、1964）の一シーン。主人公の男が捕虫網を持って砂の斜面を登る冒頭場面

ハンミョウを追うことは、では

ほんとうに確実さへの道へとつながっているのだろうか。ぼくはすぐにそう問い直しました。新種発見と学名の登録。ほとんど起こりえない、そんな幻影のような餌を罠にして、砂丘へとぼくたちをおびき出すハンミョウは、じつはもっと大きな飛躍を、日常の現実からの脱出とでもいうべき決意を、ぼくたちに促しているのではないか？　こんなふうに考える時点で、もうぼくは先生の寓意的な小説の深みにはまり込んでいたのでしょう。そしてこの決定的な一節が来ます。

たしかに、砂は、生存には適していない。しかし、生存のために、定着が、はたして絶対に必要なものであろうか？　定着に固執しようとするからこそ、あのいとわしい競争もはじまるのではなかろうか？　もし、定着への固執を放棄して、砂の流動に適応できれば、その競争からも、まぬがれうるはずである。現に、沙漠にも花が咲き、虫が住む。強い適応能力を利用して、競争の外に逃げ出した植物や虫たちだ。（だから、砂地には、変りがたの昆虫が多いのである。）……できれば自分も、流動に適したように、わが身を変形させてしまいたい……

（「チチンデラ　ヤパナ」同書）

強い適応能力を発揮して、定住社会の殺伐たる日々の競争の場から飛び出し、砂という流動に身をまかせることで未知の自由を得たものたち。そんな沙漠の虫の代表格たるハンミョウは、ここで先生の物語における「理想自我」として暗示されているのだろうか？　背伸びした高校生は、まだきちんと言語化できない熱した頭のなかで、そんなふうに考えていたのでしょう。こうして、先生の物語に登場したハンミョウは、ぼくにとってのあらたな出立のための契機、それまでの安逸な定住から離れて流浪を生きようとする意識の冒険に向けての、特別の挑発者となっていったのです。先生の小説の主人公と同じく、ぼくもハンミョウのような存在への変身を密かに夢見はじめていたのかもしれません。

そして、それはある意味で実現したのです。ぼくは、二十代半ばになってから、メキシコ北部やアメリカの南西部の沙漠地帯に踏み込んで行きました。先住民インディオやその末裔である混血の民のテリトリーがそこにあったからです。まさに彼らこそ「沙漠」という不毛にも思える風土に秘められた自由と豊かさを身体ごと享受しながら、かつての狩猟民としての古い野性を隠して、ハンミョウのようにたくましく生きている人々だったのです。長い時間をかけて、彼らの生き方から学びとった智慧は数知れません。それはぼくのそれまでの都会での定住生活のなかで培われた世界像を一八〇度転換する、まったく新しい、慎ましくも厳格な生き方を示唆する智慧でした。植民地的支配の歴史のなかで固有の文化や言語を根こそぎ奪われ、徹底的に周縁化されても、故郷や伝統や国家制度の庇護に依りかかることなく、さまざまな他者や異物を果敢に内に取り込みながら、たえざる移動や流浪を住み処として生き抜いてきた人々。彼らの示す、思いがけない包容力や寛容性。その混血的で倫理的で開放的な生のあり方をぼくは「クレオールの智慧」とあらたに呼び直し、沙漠の砂の流動に身をまかせるようにして、クレオールの民の謙虚で野性的な叡知を、無謀にも自分の体内に移植しようと試みていったのです。

あのときから、沙漠はぼくという存在のあたらしい原点となりました。ものごとを考え、書くときの精神の拠点となりました。現実的にも、象徴的にも……。定着を拒み、固化を排し、国家や民族や言語といった幻想の自己同一性のもとになる足枷も引きちぎり、依りかかろうとするすべての既存の制度から思いきって離脱して、透明な光あふれる荒野に立ったとき、ぼくはそれまでにない不思議な自由を感じました。その清明な自由の感覚とともに、人間が失いかけている心の世界、生の悦びと哀しみとをひとしく受け入れて感情の集団的な歴史と消息とを深いところで受容してゆく覚醒した心の世界が、自分にも近づいてくるのを感じたのです。クレオールの智慧です。その発見の刺戟こそ、のちに『荒野のロマネスク』（一九八九）そして『クレオール主義』（一九九一）という、メキシコでの体験から生まれた本をぼくに書かせることになった原動力でした。それこそは、先生のハンミョウに知らず知らず導かれた、沙漠の旅の一つの帰結だったのでしょうか。

公房先生。現代社会が張り巡らせる管理的閉鎖システムに組み込まれた人間の悪夢を描きつつ、定着を拒み、国家的伝統や儀式性への依存を徹底して批判しつづけるなかで書かれた先生のその後の小説群。『箱男』（一九七三）『密会』（一九七七）

そして『方舟さくら丸』（一九八四）といった作品を、ぼくは同時代のもっとも刺戟的な批評精神の結実として、本が出版されたその日に手に入れて一夜で読了するほどの勢いで読みつづけました。『砂の女』以来、ぼくの内部に棲みついていた先生のハンミョウはその過程でどんどん成長し、飛翔の力をため、それがぼくをメキシコの荒野へとうながしました。先生とならんで、カフカ、アルトー、ベケット、ガルシア＝マルケスといった作家たちのテクストが、ぼくを国家や伝統の外部へと押し出してくれました。カフカもまたカブトムシかゴキブリのような毒虫へと変身する寓話を書き、アルトーは西欧の「理性」なるものに反逆するためにメキシコのタラウマラ族の地で幻覚性のサボテンを食し、晩年の先生が愛読したガルシア＝マルケスは一九六〇年代なかば、黄色い蝶の大群が女性にまとわりついて乱舞する幻想的なシーンも出てくる傑作『百年の孤独』をメキシコの地で書いていました。メキシコ時代、ぼくにとっての昆虫は、すでに「象徴」と呼ばれるような、より複雑な何かへと変貌しようとしていたのです。

メキシコでの啓示的発見にみちた数年を経て日本に戻ったとき、もうぼくのかたわらには捕虫網などありませんでした。長いあいだ放置していた標本箱も埃に埋もれていたでしょう。ぼくは、自らのなかに血肉化しようとしたあの「クレオールの智慧」について書くことに集中していたのです。そのプロジェクトが『クレオール主義』の出版というかたちで一つの完結を見たとき、不思議な偶然がめぐってきます。先生が一九九三年に亡くなられた後、ぼくは出演を依頼されたＴＶドキュメンタリーの収録のため、先生の箱根の仕事場を訪ねる機会を持ったのです。芦ノ湖へと降りてゆく国道一号線から少し西に入ったところにある、眺めのいい山荘でした。家にはいると、広い居間の低い大きなソファテーブルに、シンセサイザー、ワードプロセッサー、カメラ、双眼鏡といった機械類が硬質な佇まいのままぎっしりと置かれていることに奇異の感をもちました。そのあたりに昆虫の標本箱でもないかと探してみたのですが、そんな気配はまったくありませんでした。ワードプロセッサーを使って書き、フロッピーディスクを原稿用紙の代わりに編集者に渡した作家としては、先生が誰よりも先駆的でしたが、主のいなくなった箱根の仕事場ではワードプロセッサーの電源が入ったままで、先生が最後に書かれていた『飛ぶ男』の未完のテクストの末尾でカーソルがチラチラと点滅していたことが印象的でした。いまキーをいくつか打ち込めば、ぼくにも続きが書けてしまうことに、不思議な畏れと刺戟を感じてもいました。

先生の書斎にも入ってみました。書き物机の正面の壁に、二枚のパネルがまるで左脳と右脳に分かれたように貼ってあり、そこに手書きの文字が書かれた付箋がびっしりと止めてあるのがなにより目を惹きました。創作のためのメモなのでしょう。なにげなく見ていると、右側のパネルに止めてあった短い書きつけが目に入ってきました。そこには「荒野で青年と再会する」とあったのです。ぼくは驚き、まるで先生とついに出逢ったかのような、しずかな興奮を感じました。「(メキシコの)荒野で(ぼくという)青年と再会する」……。勝手にぼくはこの暗示的なメモをそう読み替え、先生とぼくのあいだにつづいてきた無意識の繋がりの深さをあらためて確認していたのです。ふと沙漠の風を感じました。

晩年の先生が、言語学者がいう「クレオール語」という現象に深い関心を寄せていたことは、メキシコから帰ってきたぼくにとって驚きでした。先生は「クレオール の魂」(一九八七)と題されたエッセイで、言語学者ビッカートンの最新のピジン・クレオール語研究に強い刺戟を受けつつ、植民地環境における異言語・異文化接触の現場で起こった刺激的な文化創生の光景を想像しています。そこでは、支配者の言語を強要された者たちが、自らの所属集団の言語を崩壊させて当座凌ぎの混淆語としてピジン語を話しはじめ、さらにその子供たちの世代が、ピジン語環境から飛躍してクレオール語というより精緻な構文構造を持ったあらたな言語を再生させてゆく過程が、興奮とともに語られていました。先生は、クレオールを、辺境に打ち捨てられた者たちの生の力学の産物であるととらえ、国家や伝統への帰属から離脱したときに発動される、人間の生得的な言語創造の能力(=言語バイオプログラム)を、あらたな文学表現の可能性へと読み替えようとしたのです。先生のこんな文章は、メキシコ・カリブ海というクレオール文化圏での数年の経験を経て純血主義的な日本に戻ったぼくにとって、おなじ批判意識を共有するものに思えました。

いかなる風俗習慣よりも、どんな伝統よりも、ピジン崩壊からクレオール再生への道が、言語を獲得した人間にとっての望ましい内圧であった（……）。伝統はしょせん獲得された様式であり、バイオ・プログラムされたクレオール再生への意志と衝動にはかないっこない。にもかかわらずピジン崩壊してクレオール再生をうながすような異文化接触の予兆など気配もない。あるのは国境をはさんだ武力紛争と経済摩擦だけである。

（「クレオールの魂」『安部公房全集28』新潮社、二〇〇〇）

この文章が書かれた一九八七年は、ぼくはまだメキシコにいて、先生の思索の展開を知らずにいたわけですが、ぼくの『クレオール主義』へと結実する思考をすでに見とおすように、先生はクレオール現象から受けとめた刺戟を、集大成の小説となるはずだった『飛ぶ男』のなかで徹底して書き込もうとされていました。その作品が先生の死によって中断されてしまったことは、なんとも惜しまれることです。

国家が辺境の隅々まで監視の目を光らせ、異端者の侵入を拒みつづけている、という（いまも基本的には変わらない）鋭い現状認識のもとで、先生は「伝統拒否者は足元の地面に穴を掘り」はじめるだけだ、としずかに宣言されていました。カフカやベケット、という先例を先生は挙げていましたが、これらの作家たちは「クレオールの魂を思わせる中性的な文体で地面を掘りすすんだ」先駆的な作家たちであるとも書かれています。ここにもまた、メキシコへ行こうとしたときのぼくの精神の刺戟となった作家たちとおなじ名前が現われて、驚くばかりです。そして情緒や伝統美学から離れた文体で地面を掘り進む象徴的存在のなかに、あのハンミョウを加えてやることに、先生はもちろん異議をとなえることはないでしょう。

先生は、世界滅亡の危機からの離脱を探る小説『方舟さくら丸』の冒頭に、「ユープケッチャ」という不思議な昆虫を登場させていましたね。架空言語エピチャム語で時計をあらわす、自分で自分の糞を反時計回りに食べながら生きつづける、この脚をなくした奇妙に自己完結した昆虫。その姿に、先生は存在としての自己封鎖、さらにいえば伝統や儀礼や習慣やアイデンティティの牢獄へと自閉してゆく人間の窮地を暗示したのでしょう。それが先生の想像力が生み出した架空の虫だとしても、ユープケッチャが示す仮設的リアリティの強度には、いまもはっとさせられます。

ぼくは単純だった少年時代の意識にもどり、ハンミョウの放浪する自由に漫然と憧れ、ユープケッチャの不動に安住することを怖れていたあの頃を思い出します。そこに、ぼくがクレオールの土地へと出かけてゆくことになる、始まりの衝動が隠れていたのでしょう。公房先生。ニワハンミョウ＝チチンデラ・ヤパナには「日本」（ヤパナ）を示す学名がついていました。でもそれはまさに、ぼくたちが吹っ切るべき閉域の名を、この沙漠の虫がただしく背負っていることの象徴だとも言えるのではないでしょうか。

イッパパロトルの聖樹

ドン・リーノ先生へ

ドン・リーノ。

ぼくはいつも先生のことを、土地の最高の尊称である「ドン」をつけて、ドン・リーノと呼んでいました。形式的な敬称とちがって、この「ドン」には不思議な親しさと素朴な敬意の情とが響いていて、ぼくはその音を声に出すのが好きでした。もともとは中世スペインの上級貴族にたいする改まった敬称だったはずの「ドン」は、植民地征服者たちによって先住民社会にもたらされると、インディオたちのあいだで特別のニュアンスをもった尊称に変容したのです。西欧貴族のあいだの階級制度や権威主義とはちがう人々のやわらかな感情の機微と、年長者への素直な愛情と敬意の心がその音には感じられました。そして五年ほどにわたるぼくのメキシコ経験の年月において、ドンと呼びつづけたたった一人の師匠こそ、先生でした。

ドン・リーノ。先生との邂逅は、メキシコ中部の高山地帯に聳える五〇〇〇メートルを超える二つの壮麗な火山の山ふところでの出来事でした。上空高く噴煙を上げ、寒い季節には頂上に雪をいただく麗峰の裾野に広がる壮大な高原。その斜面に点在する小さな森のかたわらでひっそりとまどろむような村々。そんな火山礫地帯のはざまのオアシスのような村に通いつづけたあれらの日々の記憶は、ぼくのからだの芯の部分に宿ったままいまだに息づいています。なぜならそこで、先生からの学びをつうじて、ぼく自身が新しい身体意識に目覚め、世界を見る新しい視線を与えられたからでしょう。二五年ほどを日本と呼ばれる国で生きて、すでに変わりようがないと思っていた「自己」という硬い殻が、しずかに森羅万象に向けて溶けだしてゆくような感覚を感じたのです。先生から聞いた「タモアンチャン」という謎のような言葉が、めざすべきあらたな魂の聖地として、ぼくの胸の裡で永遠の鼓動を打つようになったのも、あのときからでした。

先生の古い家は、小さな村の外れの斜面にぽつんと建っていました。簡素な日干煉瓦《アドーベ》の家は白く塗られていましたが、長い年月でひび割れた壁をさらし、屋根の褐色の瓦はいまにも崩れ落ちそうに見えました。エカツィンゴというこのあたりの地名は、ナワトル語で「小さな風の聖地」というような意味でしょうか。そう、隠れた高名な呪術医がいると聞いて村を訪ねて行ったぼくがなによりまず感じたのは、まさに火山の斜面を吹き降りてくる風《エカトル》の、渦を巻くような荘厳で奔放な運動でした。高山からやってくる冷気の流れは、村のあちこちに小さなつむじ風を巻き上げながら、ビャクシンに似たサビーノ樹の小さな木立を吹き抜けるときにはくぐもった甲高いソプラノで歌っていました。

土地ことばでクランデーロ、古いナワトル語ではテパティアーニと呼ばれていた先生のようなシャーマン＝呪術医は、村や近隣の共同体を超えて人々に広く知られていることはまずありません。だから、ぼくのような見知らぬ外来者が突然訪ねてくるようなことは、ほとんどなかったでしょう。それでも、ぼくの来訪に先生は少

ドン・リーノが暮らした火山高原。背景は夕日に染まるポポカテペトル（5426m）。筆者撮影（1983年）

しも驚いたふうを見せず、インディオに由来する伝統的な病気治療と薬草学の智慧が、混血化したいまの社会のなかでどのように変容しながら受け継がれているかを知りたいと考えていたぼくの意図を、すぐに察してくれました。小柄な先生の身体から発散される異様なオーラはすぐに感じ取れましたが、標高三〇〇〇メートルの村で薄い白い綿のシャツ一枚で暮らし、皮のワラチェ（＝サンダル）と足の裏とが合体してしまっているような先生の飄々とした姿には、年齢というものを想像させる手がかりがありませんでした。ほとんど一世紀を生き抜いてきたにちがいない、と思わせる顔の深々とした美しい皺だけを例外として。

先生は、生卵やトネリコの杖などを用いる古い手法を使って患者を診断し、必要な薬草を処方していました。家の前の薬園には百種類もの薬草が植えられていて、孫娘がその世話を手伝っていました。はじめて訪ねたとき、ぼくも診察してもらいましたが、胆汁質《ビリス》という文明病に罹っているとして、キノアの粉や数種類の薬草を煎じて飲むよう言われました。緊張、不機嫌、癇癪などといった文明人特有の感情の乱れは、土地の呪医にとっては重大な病であり、そうした意識の脈の乱調がすべての肉体的疾患を呼び出すというのです。悪くなった患部を直したり取り除いたりするのではなく、身体そのものの生体力学的なシステム全体の均衡を回復させるという考えこそが、民間療法医としての先生にとっての根幹の原理だったのです。

あの、ぼく自身の身体意識を変える天啓のような出来事がおこったのは、先生の家に通いはじめてから半年ほどが経った頃でしょうか。診療の場ともなっている家の入り口の土間で、その日ぼくは先生とこんな会話を交わしていました。

門弟 ドン・リーノ、壁にぶら下がっているこの手足のついた平べったい不気味な物体はいったいなんですか？　ぼくにはまるで火星人の干物のようにしか見えないんですが……。

老師 それか。そんなに驚くようなものではない。海でとれた大ナマズの腹を割いて平たく伸ばし、乾燥させたものじゃ。煎じたものを服用すればエスパント（鬱気や神経の病）によく効く。わしの仕事場の魔よけのようにも見えるかも知れぬが、こいつは「悪魔の魚《ペス・デ・ディアブロ》」と呼ばれていてともかく狂暴な魚でな。海岸の泥のなかから川の中流にまで入り込んで、他の魚の卵を食い荒らす困りものじゃ。

門弟 こんな気持ちの悪いものをありがたがる人がいるんですか？

老師 見かけで善し悪しを判断してはならぬぞ。悪魔みたいなエネルギーを持ったやつだからこそ、薬効もあり、守護神にもなるというわけだ。

門弟 さっき、家のなかに黒っぽい蛾が入ってきて部屋の壁にとまりましたね。先生は思いがけない来客が来たという表情で、「黒魔女」とつぶやかれましたけど、あの蛾もやっぱり悪魔の化身なのですか？

老師　あれは黒い大きなヤガの一種で、昔から黒魔女と呼ばれておる。アステカの民はミクパパロトル、つまり「冥府の蝶」と呼んでおった。あいつが家の中に入ってきて部屋の四隅にとまると、家から死者が出るといわれておる。黒い大きな翅が震えておるのは、死の前兆じゃ。が別の言い伝えもある。ヤガは死んだ子供の霊とも考えられておるのじゃ。だからそれは復活や再生のしるしにもなる。死んだ子供が蛾の姿になって、遺された家族を守るとも言われるのじゃ。

門弟　メキシコでもヤガにはそんな意味があるんですね。日本でも死者の霊がやってくるお盆の夜にはとくに蛾が火や街灯に集まって乱舞するとよく言われます。蛾は霊的な波動が強いと思われている虫の一つなんですね。ミクパパロトル、つまりミクトラン（冥府）のパパロトル（蝶）ですか。アステカの冥府ミクトランは、死者が暗闇の地底を何年も彷徨《さまよ》ったあげく到達できるもっとも奥深い地下世界ですね。

老師　そうじゃ。洞窟のなかにおびただしい頭蓋骨が散乱する恐ろしい死者の国じゃ。じゃが、創造神のケツァルコアトルは人間の骨からあらたな生命を再生させるために、骨を求めて自らミクトランに降りて行ったとも言われておる。新しい命のタネもまたこの冥府にあるのじゃな。死者をおろそかにすることはできん。

門弟　示唆的なお話ですね。蝶や蛾を見るときの気持ちが変わりました。

老師　まだまだあるぞ。古代のオルメカの民は蝶の蛹を神のように崇拝しておった。翡翠でできたペンダントがたくさん残っておるが、その多くは蝶の蛹にジャガーの頭がついたかたちをしておる。黒くて醜い塊から美しい蝶が生まれ出るときの変身のさまに、古代人は霊的な力を感じたのじゃろう。蝶といえば、そう、おまえには、ぜひともこの話をしておかねばならぬ。おまえは長い旅をしてここまで来たんじゃったな。これは昔のアステカ時代の旅商人の伝説じゃ。彼らの旅の技法、移動の神秘的な力を、おまえも学ぶとよい。それには、ずっと西の方の山の中にある楽園、タモアンチャンと呼ばれてきた、蝶の大群が宿るモミの大木の森へ旅せねばならぬ。おまえはそこにいますぐ行くべきじゃろう……。

こんな会話のなかで、ぼくは、久しぶりに蝶や蛾の世界と再会し、先生が語ってくれた心躍る物語にうながされて、伝説でタモアンチャンと呼ばれる謎の森へと旅することになったのです。いまはもうミクトランの地底におられるドン・リーノ、あなたのスピリチュアルな存在に向けて、その旅の顚末をお話ししましょう。

先生があの日語ってくれた、アステカの旅商人の物語は鮮烈でした。昔々、その旅人たちは「ポチテカ」と呼ばれ、アステカの首都と遠くの国々とのあいだの通商に携わっていました。ポチテカは、異国に赴いて琥珀《こはく》やコンゴウインコの羽根や翡《ひ》翠《すい》や金粉などその地の珍しい物産を手に入れるだけでなく、遠隔の土地に伝えられている秘密の叡知を盗みとる使命をもアステカ皇帝から与えられていました。異国には未知の敵も多く、彼らは旅商人の姿に身をやつした戦士であったともいえます。だからこそ、戦士としての神秘的で霊的ともいえる特別の身体技法を持った旅人たちが選ばれたのです。ポチテカたちは、宇宙の星の動き、精緻な暦の運動に自分たちの身体を同調させることを知っていました。その身体技法こそが、彼らの霊的な力の源泉となったのです。

旅するなかでさまざまな宝物を手に入れたポチテカたち。その首都への帰還は、精確に一つの自然現象と重なるように決められていました。それが、メキシコ西部の山中の森に大群となって移動してくる蝶の集団の来訪です。毎年一一月のはじめ頃、北米の五大湖地帯から冬眠のためにゆるやかな群をなして五〇〇〇キロメートルの驚くべき移動を果たすマダラチョウの一種がいます。濃いオレンジ色の翅に黒い翅脈がくっきりと映え、縁を彩る白い斑点によって美しく飾られたオオカバマダラです。彼らこそ、現実にも昆虫界最大の旅人だといえるでしょう。このオオカバマダラの大群は、ナワトル語で「オヤメトル」と呼ばれる巨大なモミの樹が生える森をめざして南下し、毎年あやまたずその地にたどり着きます。これは数千年のあいだつづいてきた集団越冬のための大移動ですが、ポチテカの旅商人たちは古代から、自分たちの旅と首都への帰還の運動を、この蝶の飛翔による自然現象と重ね合わせていたのです。蝶の移動はそれじたいが太陽の季節的な動きと連動したものだったので、ポチテカたちの身体は必然的に天体や暦の運行と精確に結ばれてゆくことになりました。アステカの民はこの蝶をイッパパロトル、すなわち「黒曜石の蝶」と呼んでいましたが、黒曜石は彼らにとって特別に重要な石で、ガラス質でできた表面は鏡の素材ともなり、まさに人間の本性を映し出す神秘的な魔力を持ったものとして神格化されていたのです。オオカバマダラ＝イツパパロトルは、そのような霊力をもった神として、森の中の楽園へ、すなわちアステカの伝説の聖地タモアンチャンへと帰還する存在になぞらえられました。そしてポチテカの商人たちは、あるときから、自らをイツパパロトルの化身と見なすようにさえなったのです。オレンジ色をした至高の旅人たちが、森のなかの一本のモミの巨木に帰還し、疲れた翅を休めている光景……。ドン・リーノ。先生の語る物語は、ぼくのなかに目が眩むほど荘厳なイメージをかきたてました。

アステカ時代の遺跡から発見された、女神イツパパロトルを祀る祭壇のレリーフ（メキシコ国立人類学博物館蔵）

そしてぼくは、いてもたってもいられず、遥かに遠い西の山へと数日間かけて赴き、実際にそれを見たのです。聖樹オヤメトルの枝葉に張りついて翅を震わせる何千万とも思える無数の蝶たちを。それはもはや樹木の気配ではなく、サワサワとざわめきの音を立てながら天空へと無限に伸びてゆく褐色の幕のような佇まいでした。その幕は閉じた翅のかすかな震えによって小刻みに動き、やがて陽が差すと、翅を広げた蝶たちで樹全体がオレンジ色に輝きはじめました。オオカバマダラは一匹また一匹と枝から空へと飛び立ち、やがてくるくると回りながら地上に落ちて地面を埋めてゆくのでした。それはまるで、オレンジ色のざわめくカーペットそのもので、ぼくはその生きたカーペットのなかに自分の身体をうずめてしまいたいという衝動を抑えられずにいたのです。

アステカの神話では、始祖の神々は輝く星のようにぐるぐると回転しながら「きらめく放射物」として地上に降りてきた、と言われています。とすれば、アステカの民が、このオレンジ色の蝶の回転する動きを神の顕現と受けとめたことは必然です。いまぼくの目の前にある、この自然現象とも見える出来事こそ、インディオたちが「魔術《ナワール》」と呼んできたものにほかならない。そうぼくは直観しました。暦や天文学の智慧と、昆虫学的な現象と、呪術的思考とが、なんの区別も隔たりもなくそこで合体していました。ぼく自身の身体のなかにも、隠された「魔術《ナワール》」が存在する。そんな平明な理解がこのとき不意に訪れました。先生、あなたはきっとこれをぼくに発見させようとして、遠い山中まで旅に出ることを促したのですね。

ポチテカという旅商人たちの神秘的とも思われた身体意識が、とても身近で自然なものに感じられたその瞬間、ぼくは思いました。オオカバマダラこそ、ぼくのこれからの旅の先導者なのだ、と。ぼくにはぼくの帰還すべき聖樹があるにちがいない。ぼくにとってのタモアンチャン、いまだ見ぬ起源の場所であり、人生の艱難の果てにたどりつく楽園のような場所が。心のなかにも、そして現実にも。日本という小さな領土から飛び出してしまったぼく自身の、前のめりになった衝迫と、あてどない不安とを、そうした思いはやわらかく鎮めてくれたのです。

そのとき、ぼくはふと、メキシコで読みつづけたこの地の詩人オクタビオ・パスの詩集『鷲か太陽か?』のなかの鮮烈な一篇「黒曜石の蝶」の眩暈《めまい》をさそいだすような一節を思い出しました。これもまた、幻視の詩人によるインディオ的身体意識への詩的接近の試みであり、オオカバマダラ＝イツパパロトルへの賛歌でした。

Danaus plexippus
オオカバマダラ

わたしは胸を高く上げ、くるくると回りながら踊った。回って回ってついに静止するまで。（……）わたしは入れ墨をした正午であり真裸の闇。夜明けの草叢で歌う小さな翡翠の昆虫。死者たちを呼びだす粘土でできた小夜啼鳥《さよなきどり》。（……）わたしはダンスを操る不動の中心にいる。燃えよ、私のなかに落下せよ。（……）わたしに触れれば世界が燃えあがる。わたしの涙の首飾りを受けよ。光が喜ばしき王国を統《す》べる時間のあちら側で、わたしはあなたを待っているのだから。

（Octavio Paz, "Mariposa de obsidiana," *¿Águila o sol?*, México: FCE, 1951. 私訳）

パスが精緻な幻影として見た「黒曜石の蝶」。その変幻自在の姿こそイッパパロトルの詩的な化身にちがいないとぼくは直観しました。モミの巨木から陽光を浴びて回転しながら落ちてくるオオカバマダラの深いオレンジ色、ほとんど鳶色のようにも見える仄暗い闇を抱えた閃光のような揺らぎの渦に、ぼくは声を失いながら、この蝶たちがぼくを待っていてくれていたのだ、となぜか信じられたのです。パスの詩を脳裏に反芻しながら、ぼくはこのダンスの動きにつらなりたい、と思いました。長い長い旅の記憶をかかえた、無時間のなかのダンス。自分の旅も、移動も、そのような「種《しゅ》の記憶」をどこかで宿した、個人的・社会的必要性などといった世俗的な意味を超えた何かであるべきだ、と。蝶の飛翔のイメージを道連れにしたぼくのあらたな旅立ちが、こうして始まりました。ドン・リーノ、あなたの示唆に心から感謝するのも、そうした啓示的な体験のゆえです。

そんな旅はダンスでもあります。一直線に目的地に到達する効率的な旅ではなく、意識の彷徨をともなった創造的なダンスのような揺らぎある旅。現象学者アルフォンソ・リンギスは、哲学的散文集『暴力と輝き』のなかの「ダンスが現われるとき」という詩的断章で、ダンスする蝶について触れながらこう書いていました。

なにかを探索しようという目的をもった動きは、生きとし生けるすべてのものの周期的でリズミカルな運動から生じる。海の魚も、サバンナの蝶や羚羊も、空の鳥もダンスする。ダンスは、なにかを調べるための効率のよい動作から手を、狩猟や逃走から脚を解放する。ダンスが行われるのは、物の秩序も物自体も存在しない空間である。そのとき体は虚空に浮かんでいるのではない。それは光と、闇と、温もりに満ちた空間のなかを動く。そして大地の深い休息を背景にして、立ちあがり、たわみ、転がり、横たわり、はてしなくどこまでも動きつづける。
(アルフォンソ・リンギス『暴力と輝き』水野友美子・金子遊・小林耕二訳、水声社、二〇一九。改行省略。訳語の一部を変更)

ぼくはメキシコの森で、そして沙漠で、蝶とともに踊る永遠のダンスの夢に目覚めたのでしょう。夢に目覚める……。矛盾した言い方に聞こえるかもしれません。けれどドン・リーノ、あなたも幻覚性のキノコの魔術的な効用について語りながらぼくにこう教えてくれましたね。本当の真理にたどり着いた者、本当にめざめている覚者というのは、夢のなかに覚醒した者だ、と。生の虚飾を振り払った先にある、鮮烈なイメージに溢れた夢のような場所に入ってゆくこと。幻ではない、その明晰な夢のありありとした現前のなかでこそ、人はほんとうの自己を発見するのだ、と。そのときから「夢」はぼくにとって軽い言葉ではなくなりました。

この明晰な夢とは、いまという現実への鋭い批判をはらんでいます。いま人間の住む大地は、アステカの時のように深い休息の吐息を吐いているでしょうか？　機械文明によってひたすら荒らされた大地の表層に、喜ばしき世界を寿ぐダンスが踊られる舞台は残されているでしょうか？　蝶とともに踊る永遠のダンスの夢へと参入してゆくこと。そんな遥かな旅へ出立する勇気を持つかどうかは、ぼくだけでなく、人類そのものの行く末をも左右する決断になるような気がしています。ドン・リーノ。先生の謎めいた教えを心のなかで反芻しながら、いまも夢に現われる、あの蝶たちのざわめく荘厳なモミの樹の根元に座って、ぼくはそのことを考えつづけたいと思うのです。

イツパパロトルの聖樹は、夢のなかに正しく生きようと心に決めれば、どこにでも発見できるのかもしれません。メキシコからもどって一五年ほどが過ぎ、ぼくは奄美群島というあらたな魂の聖地に巡り合いました。そしてここでも、驚くべき蝶の越冬の光景を目撃することになったのです。奄美大島北部の森で、針のように繊細なモクマオウの濃い緑の葉にびっしりと身を寄せ合って小刻みに震えるリュウキュウアサギマダラの群。季節移動の長い旅を行うアサギマダラの近似種ですが、リュウキュウアサギマダラは長距離を飛翔することはなく、冷たい風を感じると島のモクマオウの枝に取りついて、しずかに震えながら短い冬をやり過ごします。オレンジではなく空色の翅をひらめかせながら、樹の緑と空の青とを自らを仲立ちにして交感させるのです。遥かな旅はこんな悦ばしい瞬間にも出合わせてくれます。

ドン・リーノ。あなたの教えを守りながら、ぼくは、聖樹をもとめて旅するイツパパロトルの精を、これからも体内に抱きつづけることでしょう。

ツマムラサキマダラの青い希望

読者へ

あとがきにかえて、読者に向けて最後にささやかな手紙を書こうと思っていた矢先、東欧のコソボから興味深いニュースが舞い込みました。研究者によって新種の水生昆虫が発見され、コロナ・パンデミックにちなんで“*Potamophylax coronavirus*”という学名がその虫に与えられたというのです。バルカン半島の西部は、トビケラの仲間にかんして生物多様性が顕著なホットスポットだといわれてきました。そこに新顔が加わったのは悦ばしい出来事といえるかもしれません。けれど発見者は、コソボの豊かな水生昆虫の世界にも、すでに生息環境の汚染と縮小という、パンデミックに匹敵する危機が迫っていることを忘れないため、コロナの名をこのトビケラの未来に託したのだそうです。幼虫の時期を水のなかで過ごすこの小さな羽虫は、ずいぶんと重く深刻な名を背負ったものです。けれどその重みは、ほんとうは私たち人間こそが背負わねばならないものにちがいありません。

本書の原稿を『ちくま』誌に連載していた一年と二ヶ月は、ちょうど新型コロナウイルスの世界的拡散によって私たちの日常生活が大きな変化を余儀なくされた時期と重なりました。野生生物を宿主にして増殖するウイルスの突然の人間界への蔓延は、私たちの社会のあり方、とりわけ自然環境を人為的に利用・改変し尽くしてきた近代文明の無節操な欲望に対する根源的な問いかけを促すものでした。私はそんな問いを脳裏にたえず置きながら、幼少年時代に経験した野生の虫たちとの至福の時間を、その体験を糧としてその後の年月をある種の信念と多くの逡巡とのなかで生きてきた自分自身の「いま」の地点から遡《さかのぼ》って、回想してみようと考えたのです。私自身の「昆虫学」を鼓舞してくれた一四人の先生たちへの、架空の、けれども真実の想いが宿った手紙として。

トビケラが消えてしまう世界とは、人間の生存にとっても危機的な世界です。川にどれだけ豊かで美しい水が流れているか？　それはとても大切な生命指標なのです。その水が人間による取水や利用によって枯渇し、汚れれば、その危機をトビケラのような水生昆虫がいちはやく教えてくれる。その声を、私たちはけっして聞きのがすべきではありません。いま野原で虫を追いながら、小さかった私がほんとうはなにをしようとしていたのか？　いまあらためて思い返せば、情熱的な昆虫少年を気取りながらも、私はただ虫たちの上げるひそやかな声を聴こうとして、控えめに彼らのテリトリーに近づき、じっと耳をそばだてていただけなのだと思うのです。地球の全生物種の約六割、動物に限ればその七割以上の種が昆虫であるという事実。そのことの大きな意味をどこかで直観しながら、私は、自然環境と一体になった人間の日常生活を成り立たせるこの慎ましくもあたりまえの幸福が、じつは虫たちとの共有物であることを信じようとしていたのかもしれません。

その意味で、私は昆虫愛好家だったかもしれませんが、収集や飼育にのめり込むマニアではありませんでした。もちろん標本の数や珍しさを競うコレクターでも。つまり私はいかなる意味でも「筋金入り」の昆虫少年ではなかったのです。その、筋金が入っていないこと、つまり堅固な意思をもって自分がほんとうに昆虫世界を究めることがなかったことは、私の小さな悔恨として残りつづけました。虫たちになにか返せただろうか、という負い目はその後の私をチリチリと疼きのように責めつづけました。結局、虫採りから山登りへと逸脱し、そこから野外調査という冒険的な動機に誘われるように人類学へと越境し、さらにそこからも飛び出して、名づけようもない知の未踏領域を彷徨《さまよ》い歩くことになった数十年。それを懐かしく、また少し突き放して振り返ったとき、私は昆虫の王国からの逃亡者・亡命者にほかならない、という気持ちが湧いてきます。けれどまさに、奥深い郷愁を振り切ったその亡命の地点から、私の生にはじめて意味が与えられたのだとすれば、私はその境遇を受け容れます。本書はそんな亡命者の手記でもあるのでしょう。

あの頃の私とおなじような若い（無心に遊ぶことのできる）読者にいまあらためて伝えたいことがあります。虫は謙虚な愛好者がどれだけ採っても減らない、という簡潔な事実です。虫が減っている理由は、そこにはありません。主たる理由ははっきりしています。土地開発による生息環境の悪化、文明に由来する地球規模の気候変動、そして生産効率化の下での殺虫剤の濫用、この三つです。昆虫世界を人間世界の支配下に置けると考える、人間中心主義的な思い込みです。そしてこの「人間」という枠組みの身勝手さ、その恣意性、その傲慢さに私たちが気づくためにこそ、昆虫たちは語りつづけているのです。

だからこそ、自然のあげる沈黙の声を聞きとるために、虫の世界に近づいていってほしいのです。できれば写真のレンズで「撮《と》る」のではなく、やはりみずからの生身の手をもって「採《と》る」ために。震える生命に文字通り「触れる」ために。そのとき、生命の連鎖というものが手足の感触として実感されるでしょう。小さな世界を慈《いつく》しむことを学ぶでしょう。「小さい」とは、無視できるということではまったくなく、むしろ「小さい」からこその別種の倫理と美学と精神がそこに存在していることを告げるためにあるからです。

昆虫はいまなにかと注目されているようです。人口増加による食料難対策にむけての食文化の再構築という視点から、栄養価の高い蛋白質を多く含み、環境負荷の少ない昆虫食に光が当たろうとしています。昆虫の形態や特性を応用生物学的に利用し、モルフォ蝶の構造発色の原理を応用した顔料による塗装技術などが脚光を浴び、カイコの絹糸を原料とした医療用ガーゼや人工血管、タンパク質フィルムなどの製品が再生医療に活用されています。一方で、昆虫がもつ分解の機能が再認識され、昆虫が体内にもつ共生酵母や微生物が発見され、土に還ること、すなわち生産による複雑化ではなく分解・腐敗によって簡素で本質的なものに戻ることの価値が科学的にも哲学的にも再発見されようとしています。

けれどこの「人新世」の時代、昆虫界の最大の危機はその数の激減です。いままで虫の数を数えようとする研究者などいませんでした。あまりにもたくさんいたからです。哺乳動物は五千種ほどが知られていますが、昆虫はその一千倍、五百万種が存在すると考えられ、しかも種として現在同定されているものはそのうちの二割ほどに過ぎないのです。昆虫世界は、私たちの惑星を無限に覆い尽くす精緻《せいち》な織物なのです。

しかしいま、無尽蔵とも思えた虫の数が世界全体で激減しているという事実を示すさまざまな徴候を無視できなくなっています。昆虫の数の定量的な変化を時系列的に比較した調査では驚くべき結果が出ています。モーゼル河畔の森にネット状のマレーズトラップと呼ばれる仕掛けをテントのように張り、そこを飛ぶハエ目やハチ目や小蛾類などの飛翔性の昆虫をとらえて保存液の入った瓶に誘導するという調査の結果、一九九四年から二〇一六年までの二二年のあいだに、瓶のなかに収まる昆虫の数が七六％も減少したのです。

虫の数が減ること。それはすなわち、昆虫が地球環境にたいして果たしている不可欠の役割が低減することを意味します。鳥や両生類や魚の食料供給者となってそれらを生かしている虫たち。糞や腐敗物を分解して土に還す分解者としての虫たち。顕花植物の九〇％、穀物の七五％の交配を担う授粉者としての虫たち、アリやシロアリなど土を乾燥や不毛から守り活性化させる土壌改良者としての虫たち……。昆虫が、いかに人間も含む他の生命体の生存にとって重要な存在であるかは明白です。

けれど、科学的事実だけが私にとって大事だったのではありません。むしろ昆虫少年としての日々を想うとき、私が学んだことのほんとうの核心は、虫という存在の確かさへの直覚的な理解と、その生命倫理的《バイオエシカル》で霊的《スピリチュアル》な意味だったような気がするのです。

それははじめ醜く、やがて美しく変身する不思議な生物体でした。沖縄や奄美では、いまも蝶のことを「ハビル」と呼びますが、これは「羽蛭」のことにちがいありません。古代人は、蛭のような醜いと見えるものから羽の生えた美しいものが生じる奇蹟を、蝶を神として崇めることで受けとめました。記紀神話の蛭子《ひるこ》は未熟で異形の神でしたが、そのヒルがハビルとなり、美しく舞う神ともなることを人びとは信じていました。水俣病という、人間の欲望による自然環境の破壊、そしてその帰結としての人間生命への酷い仕打ちを経験した作家の石牟礼道子さんは、「水俣から見るこの世は悪夢」と書きつつ、畳を這い、首を擡《もた》げる黒い小さな幼虫（蛭）を見ながら、このハビルの子が悪夢から人間をどこかに連れ戻してくれると信じていました。石牟礼さんが、ガジュマル樹に集うハビルたちの美しい舞いを見たときの至高の散文を、最後に皆さんと分かち合いたく思います。

ふと気がつけば身のめぐり一面、無数の夥《おびただ》しいちいさな蝶が、榕樹《ようじゅ》の葉という葉裏から、ひとひらずつ浮き出たように漂よっていた。瞬けば睫《まつげ》毛の波動で、螺鈿《らでん》細工の青貝の精のような羽翅《はね》が、はらはらと揺れそうなほど目近に漂っていて、蝶たちは動かなかった。羽の形は優しい楕円形で、蜻蛉《かげろう》の羽に似ていた。（……）人がこのようなものにとり巻かれたとき、ある奥深い衝動に、自分も至上の軽さとなって重い現身《うつしみ》から漂い出たい、というような身悶《みもだ》えにとらわれるのはなぜだろう。生き霊《りょう》になるにしろ、死後にしろ、現世より離魂《りこん》したあと、あえかに天上的なものとなった自他にまみえたいという願望を、いかに永い間、わたしどもは持ち続けていることか。蝶たちの海の中に漂っていたのは、ゆき昏《ぐ》れて化身することもできぬ、形なき自分の魂かもしれなかった。

（石牟礼道子「あけもどろの華の海――与那国紀行」『石牟礼道子全集　不知火　第六巻』藤原書店、二〇〇六。原文改行を省略、ルビを一部追加）

青貝の精というのですから、ここで舞うハビルたちはきっと、前翅に青の輝きを施されたツマムラサキマダラでしょう。わたしにとっても宝物の一つです。そんな蝶に取り巻かれる陶酔の感覚のなかで、人はしがらみと不条理に満ちた現世から漂い出、自他の混交する別様の世界において、真の魂《まぶり》と出逢うのにちがいありません。だとすれば、私が蝶をつうじて親しくなった土も、樹々も、空も、単なる物理的な自然環境ではなく、きっと一つの願いの場であり、祈りの場だったのです。土は私たちの願いであり、樹々は私たちの信であり、空は私たちの祈りである。蝶はそれを教えてくれました。

手紙（＝信）とはたより（便り＝信頼）であり、しるし（徴候）であり、あいず（信号）であり、すなわちすべてのものの奥にひそむいつわりのない信実＝真実のこと。私はそのような気持ちをこめて、これら一四通の手紙を書いたのです。

本書に登場する昆虫たち

アラメジガバチ *Podalonia hirsuta*
膜翅目アナバチ科ポダロニア属に分類される蜂。本種はヨーロッパ各地の主に海岸部の砂地に棲息する、狩りバチの代表の一つである。ファーブルは学名 *Ammophila hirsuta* としてジガバチ属に分類していた。『ファーブル昆虫記』の第1巻に、その狩りの詳細な観察と分析が書かれていることでよく知られるようになった。黒い頭、黒い胸部で、腹柄部が棒状に細長くくびれており、腹の上部には赤色の目立つ帯紋がある。幼虫の餌をあらかじめ確保するため、ヨトウムシ（ヨトウガの幼虫）を狩ることで知られる。狩った幼虫の体節一つ一つに慎重に毒針を差し込んで中枢神経を麻痺させ、昏睡状態にして巣穴に運び入れ、そこに産卵する。孵化したアラメジガバチの幼虫はその餌を食べ、親バチの世話を受けずに育つ。日本には近似種のジガバチ *Ammophila sabulosa* やミカドジガバチ *Ammophila aemulans* などが生息しており、ジガバチはシャクガ科やヤガ科の、ミカドジガバチはシャチホコガ科の蛾の幼虫を狩る。

コケイロカスリタテハ *Hamadryas feronia*
タテハチョウ科カスリタテハ属に分類される蝶。北米から中米、南米全体にかけて分布し、南米の熱帯雨林や落葉樹林帯ではほぼ一年中見ることができる。地衣類の付着した樹皮にカモフラージュしている白、黒、青の美麗なモザイク柄で、和名はその模様が絣《かすり》に似ているため。前翅に小さな赤い斑がある。翅を拡げると7～8センチほどになり、木の幹で翅を開いたまま下向きの姿勢をとる習性がある。蝶の仲間では珍しく、オスは飛ぶときに音を出すことで知られており、この音ははばたきの際に前翅の膨らんだ翅脈の一部が擦れて鳴るものと考えられる。そのカチカチともパチパチとも聞こえるクラック音のため、パラグアイの先住民グアラニ族の言葉ではその音を模して「ポロロ」と呼ばれ、英語でも Blue Cracker（青い爆竹）と呼ばれている。幼虫の食草はトウダイグサ科のツル植物など。ダーウィンの『ビーグル号航海記』に挿画入りで登場している。

クジャクヤママユ *Saturnia spini*
ヤママユガ科サトゥルニア属に分類される蛾。おもにオーストリアからギリシャにかけての東南ヨーロッパに分布する。春から初夏にかけて出現し、灰褐色の前後翅にそれぞれ一つずつ黒に縁どられた濃青色の眼状紋をもつ。ヨーロッパ最大の蛾であるオオクジャクヤママユに近いが、本種は開帳5～8センチとやや小型である。この蛾をモティーフとする、日本の中学校教科書に採用されてよく知られるヘルマン・ヘッセの小説「少年の日の思い出」の新聞発表時の原題は、この蛾のドイツ語の通称“DasNachtpfauenauge”で、直訳すれば「夜の孔雀」となる。一見地味な蛾に見えるが、よく見ると複雑な色相に富む美しい蛾である。幼虫はおもにバラ科の植物を食す。日本全土には褐色の翅に4つの赤みがかった眼状紋をもつ近似種のヒメヤママユ *Saturnia jonasii* が生息し、秋も深まる11月ごろになると灯火に飛来する。

ギンヤンマ *Anax parthenope*
蜻蛉目ヤンマ科ギンヤンマ属に分類される、体長7～8センチ、片翅の長さ5センチほどの大型のトンボ。鮮やかな複眼のついた頭部から胸部にかけては光沢ある黄緑色で、褐色の腹部との境界にオスは鮮烈なターコイズブルーの部分をもつ。流れのない湖や池、田圃などの淡水域に生息し、昼間に水の上を盛んに回遊しながら飛ぶ。日本産のトンボのなかでもっとも飛翔能力が高く、きわめて高速で飛びつつ空中で自在にホバリングする。交尾後にはオスとメスとが連結したまま飛翔し、水面に突き出た水草などに止まって産卵する様子も観察できる。かつては虫採り遊びの頂点がギンヤンマ採りであり、「トンボ釣り」と称して子供の日々の生活感情と密接に結びついた生命体であった。そのためか、呼び名には地域によってさまざまな方言による差異があり、東京下町ではオスをギン、メスをチャン、私の育った湘南地方ではオスをオンジョ、メスをメンジョと呼んでいた。

オオカマキリ *Tenodera aridifolia*
カマキリ目カマキリ科に属する肉食性の昆虫。日本に生息するカマキリ類のなかでは最大の種で体長7～9センチ、体色は緑色型と褐色型がある。大きな複眼を持つ頭部は三角形で上下左右に柔軟に動く。前脚は変形した鎌状の捕獲脚となっており、この脚で生きている小動物を捕えて食べる。林縁など低木地帯の草地に生息する。成虫は夏から見られ、秋も深まると木の細枝やイネ科植物の茎などに産卵し、乾燥や寒さから守るための泡でおおわれた数百個の卵の塊である卵鞘《らんしょう》の状態で冬を越す。春の終わり頃、卵鞘からたくさんの子カマキリが生まれ、6～7回ほどの脱皮を繰り返して成虫となる。カマキリ目を意味する *Mantodea* はギリシャ語の mantis に由来し「預言者」の意味である。カマキリは、その祈るような姿によって古くから神話的・呪術的な象徴性をさまざまな文化において与えられており、カラハリ砂漠のサン人は部族の始祖とみなし、古代メソポタミアでは「占い師」と考えられていた。

ティフォンタマオシコガネ *Scarabaeus typhon*
コガネムシ科タマオシコガネ属 *Scarabaeus* の甲虫はスカラベと総称され、哺乳類（特に草食動物）の糞を餌とするいわゆる「糞虫」として旧世界を中心に多くの種類が分布する。広い卵形の平たい甲虫で黒色が多く、金属色に光るものもある。地中海沿岸部に多く棲む典型的なスカラベの一種ティフォンタマオシコガネは体長30ミリほどの黒いタマオシコガネで、ファーブルが『昆虫記』の冒頭で詳述したように、新しい糞に集まり、ギザギザのついた平たい頭と前脚で糞塊を団子状に丸め、それを後ろ向きに後脚で転がしながら、地面の穴に運び入れる。そこで糞塊を数個の洋梨の形の糞玉にし、そのくびれた頂点の内部に卵が産みつけられる。孵った幼虫は糞玉の内部を食べて育ち、蛹となり、成虫となって外界に現れる。ファーブルはこの糞虫を、古代エジプト人が聖なる甲虫と考えた「スカラベ・サクレ」*Scarabeus sacer*（翻訳では「聖タマオシコガネ」など）として記述したが、のちにこれは誤った同定であり、ファーブルが観察していたのはスカラベ・サクレより小型で昼行性の「ティフォンタマオシコガネ」であることが判明した。ティフォン（テューポーン）とはギリシア神話に登場する、底知れぬ力を持った怪物のことである。

クモマベニヒカゲ *Erebia ligea*
日本では本州（八ケ岳、南北中央アルプス、白山）・北海道（大雪山系・利尻岳）の高山地帯のみに生息する、タテハチョウ科ベニヒカゲ属に分類される小型の高山蝶。近似種のベニヒカゲよりも標高の高い場所、本州では1800m以上、北海道では800m以上の草地に棲む。成虫の翅の表は濃い茶褐色で、前後翅とも外中央に橙色の帯があり、その内部に黒い眼状紋が並ぶ。後翅裏面の橙色帯の内側には白色条線が走り、この白い帯は特にメスにおいて際だっている。羽化直後には翅をふちどる白黒交互の縁毛が美しい。食草は亜高山帯から高山帯の湿地や草地に生えるイネ科のイワノガリヤスなど。産卵後、1年目には卵で、2年目には4齢幼虫で越冬し、足掛け3年目の初夏に蛹化して7～8月ごろに羽化する。日中の陽当たりのいい草原を緩やかに飛び、クガイソウ、マルバダケブキ、タカネマツムシソウなどの高山植物の花々を訪れて吸蜜する。個体数は大幅な減少傾向にあり、山梨県ではもっとも絶滅の危機に瀕している絶滅危惧I類（EN）に指定されている。

ギフチョウ *Luehdorfia japonica*
アゲハチョウ科ギフチョウ属に分類される日本固有種の蝶。本州の平地から山地の落葉樹林帯に生息するが、近年の開発や植林、里山の荒廃によって全国的に生息数が減少している。北海道にも分布する近似種のヒメギフチョウと本州においては基本的に棲み分けており、両種の分布の境界線を、属名を採って「リュードルフィア・ライン」（ギフチョウ線）などと呼び習わす。ただし、山形県と長野県のごく限られた地帯では混棲し、両種の交雑個体も稀に見られる。成虫は春先、三月下旬頃から発生し、陽当たりのいい日中、森林の林床など低い位置を緩やかに飛翔しながらカタクリ、ショウジョウバカマ、スミレ類などの花を訪れ吸蜜する。幼虫の食草はウマノスズクサ科のカンアオイ類やウスバサイシンなど。これらの葉裏に産みつけられた卵は孵化後しばらく集団生活をしながら育ち、4回脱皮した後の終齢幼虫は地表に降りて落ち葉の影で蛹となる。蛹のまま越冬し、翌春羽化する。1883年4月24日、名和靖によって岐阜県郡上郡祖師野村（現下呂市金山町祖師野）で採集された個体が当時未記載の新種として確認され、採集地の名をとってギフチョウと命名された。

オオユスリカ *Chironomus plumosus*
双翅目ユスリカ科に分類される昆虫。体長1ミリ。ユスリカ科の学名 *Chironomidae* はギリシア語で「パントマイムをする人」を意味し、日本語のユスリカという名が、その幼虫（アカムシ）が水中でゆらゆらと身体を揺すらせていることに由来するのと同じ発想と思われる。ユスリカの仲間は姿こそ蚊に似ているが、蚊とは科が異なり、刺したり吸血したりすることはなく、蚊が水溜まりなどの停滞水域に発生するのにたいして河川などの流水域に発生するという違いがある。オスはしばしば繁殖行動として川の近くなどで蚊柱をつくるという特徴がある。メスがこの蚊柱のなかに単独で飛び込んで交尾し、水面や浮遊物に産卵する。幼虫のアカムシは水底の泥に含まれる有機物を食べて成虫になり外に飛び立つため、その水域の水質浄化に一役買っている。日本には2000種ほどのユスリカが分布し、その中の最大の種がオオユスリカである。周囲より高い目標物があるとその上に集まって蚊柱をつくる習性があるため、人

の頭の上にとりつくと「頭虫」などと呼ばれて嫌われることがある。

トウダイグサスズメガ *Hyles euphorbiae*
鱗翅目スズメガ科ホウジャク亜科に分類される蛾。ヨーロッパに分布する。成虫の前翅は灰褐色で濃いオリーブ色の模様があり、後翅中央および周辺部には美しいピンクの帯が走っている。スズメガ科に特有の太く褐色の胴体をもち腹部には白黒の縞がある。食草はトウダイグサ科の有毒の植物で、種名はそこから名づけられた。幼虫は滑らかな黒色に無数の白い斑点を持ち、背中の両側には白く大きな水玉模様が11対並んでいる。頭部は赤く、全体も赤く縁どられ、さらに基部が赤く先端が黒い顕著な尾をもったきわめて美麗な幼虫である。トウダイグサ科の植物は繁殖力の強い多年草で、牧草地に蔓延するとそれを食べた牛や馬が病気となったり、農作物や在来植物を脅かしたりと、農家の生業に深刻な害をおよぼすため、古くから幼虫による生物的防除の切り札としてトウダイグサスズメガが導入されてきたことでも知られている。

クロホシウスバシロチョウ *Parnassius mnemosyne*
アゲハチョウ科ウスバシロチョウ（ウスバアゲハ）属に分類される蝶。ウスバシロチョウ属の蝶は氷河期の生き残りといわれ、アポロチョウ *Parnassius apollo* に代表されるように古い形態を残す独特の高貴さをもった蝶である。「パルナシウス」という属名はギリシアの神々の住み処パルナッソス山にちなんで名づけられた。本種は中央ヨーロッパからロシアにかけての丘陵地や草地でもっとも普通に見られる。白く半透明な翅をもつ上品な蝶で、両前翅には控えめな黒斑が二つ付いている。幼虫の食草はケシ科キケマン属のオランダエンゴサクなどの仲間。種名に付けられた「ムネモシュネ」*mnemosyne* はギリシア神話の記憶の女神のことで、ナボコフがロシア時代の少年期からこの蝶を愛し、自伝『記憶よ、語れ』を出版する際に、本種をめぐる甘美な思い出とともにタイトルを『ムネモシュネよ、語れ』と名づけようとして出版社に拒否されたことはよく知られている。ナボコフも小説『アーダ』で言及しているが、日本にも近縁種のウスバシロチョウ *Parnassius citrinarius* が、北海道にはヒメウスバシロチョウ *Parnassius hoenei* が生息し、5月（ウスバシロチョウ）から6月（ヒメウスバシロチョウ）になると丘陵地や低山地の林縁や草地を滑空するように優雅に翔ぶ。

コノハチョウ *Kallima inachus*
タテハチョウ科コノハチョウ属に分類される大型の蝶。翅の裏面の模様や形が枯葉に近似しており、翅を閉じて止まったとき、周囲の環境に溶け込んで捕食者から身を守る、いわゆる「隠蔽擬態」（ミメーシス）の代表例とされることが多い（実際に有効かどうかには議論がある）。翅の表面は裏面と異なって美しい濃青色をしており、さらに前翅中央部には太いオレンジ色の帯がある。インド北部から東南アジア内陸部、中国、台湾にかけて広く分布し、日本での分布は西表島・石垣島・沖縄本島で、さらに近年は奄美群島の沖永良部島・徳之島でも定着が確認されている。照葉樹林の林床や渓谷地帯に多く生息し、飛び方は速く、樹幹に止まるときは下向きに静止する習性がある。花を訪れることは稀で、樹液や腐果に集まり汁を吸うことが多い。成虫で越冬し、3月から秋おそくまで見ることができる。

幼虫の食草はキツネノマゴ科のオキナワスズムシソウ、セイタカスズムシソウなど。森林や渓谷の開発で生息環境が悪化し、環境省レッドリストでは準絶滅危惧種（NT）に指定されている。

ナミハンミョウ　*Cicindela japonica*
オサムシ科ハンミョウ亜科ハンミョウ属に分類される肉食性の甲虫。日本固有種で北海道以外に分布。体長約20ミリ。日本のハンミョウの仲間では最大の種で、たんにハンミョウといえば本種のことを指す。「斑猫」から来た和名であるが、実際は、光沢ある緑の頭部、ビロード状の黒紫の前翅には白い斑点や赤い帯が入り、極彩色のきわめて美麗な甲虫である。春から秋まで、平地の砂地や裸地、山地の林道などにふつうに見られ、人が近づくと2メートルほど飛んで逃げ、これを繰り返すため、ミチオシエなどと古くから呼ばれてきた。眼は複眼で頭部には大きな顎があり、俊敏な動作で小型昆虫などを捕らえて食べる。ハンミョウ属を示す学名「チチンデラ」はラテン語で「光る虫」の意味。日本では同じ仲間のニワハンミョウ *Cicindela japana* も都市部から丘陵地まで広い分布域をもつが、こちらは全面暗銅色の上翅に白い小さな紋が左右についただけの地味な姿をしている。ハンミョウ族は、裸地（ナミハンミョウやニワハンミョウ）、砂丘（エリザハンミョウ）、河口湿地（ヨドシロヘリハンミョウ）、ブナ帯森林（マガタマハンミョウ）など、種によって生息環境の選好性がことなるため、ハンミョウ族の分布状態を調べることが自然環境の現状を定量的に把握するための一つの環境指標として有効であるといわれている。

オオカバマダラ　*Danaus plexippus*
タテハチョウ科オオカバマダラ属に分類される蝶。明瞭な黒い翅脈と白斑で縁どられたオレンジ色の翅が美しい。マダラチョウ族 *Danaini* は飛行能力に優れ、遠くまで移動する種が多いが、なかでももっとも顕著な渡りの行動によって知られるのが本種である。北米のカナダ南部から南米北部にかけて分布し、北米で羽化したものは8月ごろから南下をはじめ、カリフォルニアからメキシコの山中にまで数千キロメートルを移動する。集団越冬地としてもっともよく知られた場所が、メキシコのミチョアカン州とメヒコ州にまたがる標高2400メートルを超える山岳地帯にだけ生えるオヤメル樅《モミ》の森で、例年10月末か11月初旬から樅の枝に鈴なりに重なり合った状態で越冬する大集団を観察できる。近年の詳細な現地調査によって、この一帯に広がる越冬地は、相互に独立した12ヶ所の山頂附近のオヤメルの森に形成されたコロニーであることがわかっている。オヤメル樅の生育に必須の高山地帯の湿度と冷気とが、越冬するオオカバマダラの過度なエネルギー消費を抑える役割を果たしていると考えられる。春になると世代交代をくりかえしながらふたたび北上する。北米ではその美麗で勇壮な姿から“Monarch”（皇帝）と名づけられており、移動によって花粉を運搬する授粉者《ポリネーター》としても象徴的な存在である。幼虫の主たる食草はキョウチクトウ科のトウワタで、トウワタの葉のアルカロイドを体内に蓄えて自らを毒化し、捕食者から身を守っている。日本の南西諸島には同じ属に分類される近似種カバマダラおよびスジグロカバマダラが生息しており、これらはしばしば高い飛翔能力を発揮して九州や四国、本州の南岸地帯で一時発生したり、ときに迷蝶として記録されることも多い。

本書に登場する先生たち

ジャン・アンリ・ファーブル　Jean-Henri Fabre（1823-1915）
フランスの博物学者、教師、詩人。南仏プロヴァンス地方の田舎に生まれ、生活苦のなか教職を得る。教鞭をとりながら独学で数学、物理学、博物学の学士号を取得。アヴィニオン、オランジュ、セリニャンと南仏を移住しながら昆虫の観察に専念。専門の学者ではなく昆虫愛好者の立場にとどまり、哲学者のように思索し、画家のように観察し、詩人のように書いた。55歳のときに第一巻が出版された科学書『昆虫記』（1879～1907年刊行／全10巻）は文学的評価も高く、ノーベル文学賞候補にもあがった。消えかける南フランスのオック語の保護運動にも力を尽くし、オック語の歌や詩ものこしている。

チャールズ・ダーウィン　Charles Robert Darwin（1809-1882）
イギリスの自然科学者。1831年から英国海軍測量艦ビーグル号に乗船し5年に渡り南半球を周航。この体験と調査をまとめた『ビーグル号航海記』（1839）で一躍有名に。1858年、A.R.ウォレスと共同で自然選択説による進化理論を発表し、『種の起源』（1859）によって現代生物学の礎を築いた。すべての生物種が共通の祖先から進化したとする学説は、それまでの万物の根源を神の創造に帰する「創造論」を根底からくつがえし、人類の科学的認識を刷新する決定的な役割を果たした。「進歩」ではなく「進化」、すなわちすべての生物種の平等性をもとにして生物多様性が存在することの素晴らしさを説いた彼の現代性は、いまあらためて再評価されている。

ヘルマン・ヘッセ　Hermann Hesse（1877-1962）
ドイツ生まれ、スイスで活動した作家。1946年、ノーベル文学賞受賞。4歳から詩作をはじめ、多感な少年期を過ごす。おもな著作に、少年期の挫折を主題とした自伝的な小説『車輪の下』、第一次大戦下の精神的危機からの回復を描いた『デミアン』『シッダールタ』など。少年時代から昆虫採集に勤しみ、終生、蝶や蛾に愛着を持ちつづけ、作品にもしばしば登場させた。希少な蛾クジャクヤママユの収集をめぐる暗い思い出を描いた短編小説「少年の日の思い出」（高橋健二訳）は、1947年以来70年以上中学1年生の国語教科書に採用され続けている。

志賀夘助　しが うすけ（1903-2007）
新潟県東頸城郡松之山村（現十日町市）生まれ、日本の昆虫調査機器商、昆虫商。高等小学校卒業後、地元の石油工場に就職するも半年足らずで工場が閉鎖されたため上京。時計屋、漬物屋を経て平山昆虫標本製作所に入社。主に学校に納める昆虫標本を製作する仕事に従事する。標本との出会いはまったくの偶然だったが、はじめて見る昆虫標本の美しさに衝撃を受け、一生の仕事とすることを決意する。1931年、東京青山に志賀昆虫普及社設立。採集と標本づくりのための本格的で安価なオリジナル用具の開発によって昆虫採集の普及に力を尽くした。著作に『日本一の昆虫屋　志賀昆虫普及社と歩んで、百一歳』。

得田之久　とくだ ゆきひさ（1940-　）
神奈川県横浜市生まれ、日本の絵本作家。幼少期に湘南茅ヶ崎に転居、豊かな自然のなかで虫を追って過ごす。子供だけが持つ野生の感性に語りかけ、不思議な生命力を感じさせる細密画で描く昆虫絵本で知られる。『カマキリのちょん』（1967）でデビュー。他に「昆虫の一生シリーズ」の「とんぼ」「ちょう」「かまきり」「かぶとむし」、『昆虫 ちいさななかまたち』など多数。のちに素朴なユーモアや言葉遊びに満ちた昆虫絵本の文章を書く作家へと転身し新境地を拓く。この系列に『ぼく、だんごむし』『むしたちのうんどうかい』などがある。

北杜夫　きた もりお（1927-2011）
東京生まれ、日本の小説家、エッセイスト、精神科医。歌人斎藤茂吉の次男。文学や医学には興味のない昆虫好きの少年だった。中学時代、箱根で珍種のオオチャイロハナムグリを採ったことでコガネムシ類の採集と標本づくりに没頭。1945年、東京大空襲で百箱にも及ぶ昆虫標本をすべて焼失。ファーブルに憧れて昆虫学者を志すも父の強い反対で断念した。1960年、書き下ろし長編エッセイ『どくとるマンボウ航海記』を刊行。「夜と霧の隅で」で芥川賞を受賞し、一躍人気作家に。『楡家の人々』で毎日出版文化賞、『輝ける碧き空の下で』で日本文学大賞受賞。『どくとるマンボウ昆虫記』ほか、ユーモア溢れるエッセイは多くの愛読者を持つ。

田淵行男　たぶち ゆきお（1905-1989）
鳥取県生まれ、日本の先駆的な山岳写真家。高山蝶やアシナガバチの研究家としても知られる。東京高等師範学校を卒業し中学・高校の教諭となるが、1945年の疎開をきっかけに信州安曇野に移住。生涯、この地を拠点に写真撮影と昆虫研究のフィールドワークに励んだ。徹底的に地に足をつけたその仕事ぶりは、日本における稀有のナチュラリストとして高い評価を得ている。おもな著作に生態写真集『ヒメギフチョウ』『高山蝶』『日本アルプスの蝶』、蝶の細密画が美しい画集『山の絵本 安曇野の蝶』、写真文集『安曇野挽歌』『山の手帖』など。没後、安曇野に「田淵行男記念館」がつくられた。

名和靖　なわ やすし（1857-1926）
岐阜県生まれ、日本の昆虫学者。岐阜県農学校助手時代の1883年、祖師野村で新種の蝶を発見。ギフチョウと命名。教師生活を経て1896年、岐阜市に名和昆虫研究所を設立。昆虫学術誌「昆虫世界」を創刊し、全国の農村で講演会を開いて害虫対策を伝授。応用昆虫学に力を尽くした。一方、人間の都合で「害虫」「益虫」と虫を区別することに異を唱え、昆虫と生態系の関係をよく知ることの重要性を説いた。研究所に併設された「名和昆虫博物館」には、世界の希少な昆虫の標本が多数並び、例年早春には飼育されたギフチョウがここでもっとも早く羽化する。おもな著作に『薔薇之壹株昆蟲世界』『農作物害蟲圖解』『昆虫翁白話』など。

手塚治虫　てづか おさむ（1928-1989）
大阪府豊中市出身の漫画家、アニメ監督、医学博士。日本の漫画界の黎明期を強力に牽引し「漫画の神様」と称される。人気長篇漫画『鉄腕アトム』『ブラック・ジャック』『火の鳥』をはじめ生涯に700作という膨大な作品を残した。小学生の頃に出会った『原色千種昆蟲圖譜』

（平山修次郎著）をきっかけに昆虫の採集と絵に没頭し、中学時代には手描きの「原色甲蟲図譜」や肉筆回覧雑誌「昆蟲の世界」を作るほど熱中した。小学五年生のときから、手塚治の本名に甲虫のオサムシからの連想で「虫」の字を加えてペンネームとしたことは有名だが、戒名にまで蟲の文字が入れられた（伯藝院殿覚圓蟲聖大居士）。手塚漫画における昆虫は、主人公というよりテーマを表現する象徴のように登場することの方が多い。

ヨリス・ホフナーヘル　Joris Georg Hoefnagel（1542-1601）
オランダのアントウェルペンに生まれたフランドルの彩飾画家、版画家、製図工。裕福な商人の家に育ち、青年時代にイギリス、フランス、スペインを旅し、地形図を記録した。博物学的な題材の細密画に優れ、神聖ローマ帝王ルドルフ2世から宮廷画家に指名されて膨大な書籍コレクションに彩飾を施した。その卓越した細密画の技術は高い評価を得、ルドルフ2世の権威を高めることに一役買った。とりわけ16世紀末に『装飾文字集』*Mira Caligrafiae Monumenta* に描かれた植物、花、小動物、昆虫の彩飾画で知られる。ヨリスの博物画をもとに息子のヤコブが仕上げた版画集『父へオルフ・ホフナーヘルによる見本アルバム』*Archetypa Studiaque Patris Georgii Hoefnagelli*（1592）は、その後のオランダの静物画の確立に多大な影響を与えた。

ウラジーミル・ナボコフ　Владимир Владимирович Набоков（1899-1977）
帝政ロシア時代のサンクトペテルブルクの裕福な家に生まれ、ヨーロッパとアメリカで活動した作家、詩人、鱗翅学者。ロシア語および英語による小説執筆と平行して蝶の研究、とくにヒメシジミ類の分類学的研究を行い、その標本は、ハーバード大学、アメリカ自然史博物館、ロシアのナボコフ博物館などに所蔵されている。晩年、300を超える種を詳細に記載した『ヨーロッパの蝶』という大図鑑を執筆していたが未完に終わった。おもな長編小説に『ロリータ』『賜物』『アーダ』、自伝に『記憶よ、語れ』。ナボコフによる蝶の形態学的な素描の数々を収録した画集に *Fine Lines: Vladimir Nabokov's Scientific Art*（Yale University Press, 2016）がある。

五十嵐邁　いがらし すぐる（1924-2008）
東京都生まれ、蝶類研究家、ノンフィクション作家、実業家。東京帝国大学工学部建築学科を卒業し建設会社に勤めるかたわらアゲハチョウの研究に心血を注ぎ、フィリピンで発見されたルソンカラスアゲハを新種登録し、1986年にはインド・ダージリン郊外で、幼生期の生態が不明だったテングアゲハの幼虫の食樹と生活史を世界ではじめて解明し、記載した。日本蝶類学会の発起人で初代会長。おもな著作に図鑑『世界のアゲハチョウ』『アジア産蝶類生活史図鑑 I・II』（福田晴夫との共著）、小説に『クルドの花』、ノンフィクションに『蝶と鉄骨と』『アゲハ蝶の白地図』など。

安部公房　あべ こうぼう（1924-1993）
日本の小説家、劇作家、演出家。東京に生まれ、満州の奉天で幼少期を過ごす。1948年東京大学医学部を卒業。「壁―S・カルマ氏の犯罪」で芥川賞、『砂の女』で読売文学賞を受賞。作家活動と並行して演劇集団「安部公房スタジオ」を設立。戯曲『友達』で谷崎潤一郎賞を受賞するなど独自の演劇活動でも知られる。

『砂の女』でフランス最優秀外国文学賞受賞、『燃えつきた地図』でニューヨーク・タイムズ外国作品ベスト5に選出されるなど実験的かつ前衛的な作風は海外の評価も高い。亡くなる直前にはノーベル文学賞の最有力候補と目されていた。他の長篇作品に『他人の顔』『箱男』『密会』『方舟さくら丸』など。評論に『砂漠の思想』もある。

ドン・リーノ　Don Lino
生年不詳。メキシコ中部の山岳地帯に住む呪術医。土地ことばでは「クランデーロ」(治癒師)と呼ばれ、人の体内に溜まった不活性要因を取り除く「浄化」(リンピア)と呼ばれる伝統的施術を能くした。民間医学や薬草学だけでなく、アステカ時代の神話や伝承を知悉し、著者にその知見を惜しみなく与えた。1985年に死去。葬儀の際、遺体を納めた棺の重量が、墓地に運ぶあいだに十分の一ほどに減ったといわれる。

＊謝辞
この場を借りて、本書の成立に心を尽くしてくださった筑摩書房編集部の青木真次さん、そしてフリー編集者の杉田淳子さんに篤く御礼を申しあげます。「記憶」というもののかけがえのなさ、その不意のあざやかな運動性を、私と同じように信じておられるお二人との共同作業は悦びでした。そして六歳のときに描いた蝶の絵をカバーに使用するのを快諾してくれた今福嶺くん、ありがとう。並んで描いた、あの頃の愉しい競作のひととき、無邪気な手が生み出す躍るような蝶の輪郭線に、もう大人はかなわないな、と父はうれしい嘆息をあげていたのでした。(著者識)

今福龍太 いまふく・りゅうた

文化人類学者・批評家。1955年東京に生まれ湘南の海辺で育つ。幼少年時代は虫採りに、青年時代は山登りに熱中。1980年初頭よりメキシコ、カリブ海、アメリカ南西部、ブラジルなどに滞在し調査研究に従事。その後、国内外の大学で教鞭をとりつつ、2002年より奄美・沖縄・台湾を結ぶ群島に遊動的な学び舎を求めて〈奄美自由大学〉を創設し主宰する。著書に『クレオール主義』『群島－世界論』『薄墨色の文法』『書物変身譚』『ハーフ・ブリード』『ヘンリー・ソロー　野生の学舎』（読売文学賞）『宮沢賢治　デクノボーの叡知』（宮沢賢治賞・角川財団学芸賞）『原写真論』など多数。

筑摩選書 0215

ぼくの昆虫学《こんちゅうがく》の先生《せんせい》たちへ

二〇二一年七月一五日　初版第一刷発行

著　者　今福龍太《いまふくりゅうた》

発行者　喜入冬子

発　行　株式会社筑摩書房

東京都台東区蔵前二-五-三　郵便番号 一一一-八七五五

電話番号　〇三-五六八七-二六〇一（代表）

装幀者　神田昇和

印刷 製本　中央精版印刷株式会社

ISBN978-4-480-01734-5 C0345